AF543649

PETER A. DETTLING

Wolfsdynastien

Eine wahre Geschichte
aus dem Herzen der Alpen

WEBERVERLAG.CH

Für Daniela,
die mich so unendlich viel über Menschen,
Liebe und das Leben selbst gelehrt hat.
Und für meine Eltern, die über all die
Jahre – ohne Wenn und Aber – immer
für mich da waren.

Impressum

Für die grosszügige Unterstützung geht unser Dank an SWISSLOS/Kulturförderung, Kanton Graubünden

Text und Bilder: Peter A. Dettling

Weber Verlag AG
Gestaltung Umschlag: Sonja Berger
Layout und Satz: Salomé Mettler
Lektorat: Blanca Bürgisser
Korrektorat: Laura Spielmann
ISBN 978-3-03818-537-6

Der Weber Verlag wird vom Bundesamt für Kultur mit einem Strukturbeitrag für die Jahre 2021–2025 unterstützt.

www.weberverlag.ch

Inhaltsverzeichnis

Zum Geleit

Es war im Jahr 1994, als ich das links gezeigte Bild malte und es mit «The Return of the Wolf», sprich die Rückkehr des Wolfes, betitelte. Als ich 30 Jahre später das unterdessen längst eingerahmte Bild in meinem Haus kurz vor dem Veröffentlichen dieses Buches betrachtete, wurde mir bewusst, wie symbolträchtig dieses Aquarellbild doch ist. Sei dies für mich persönlich wie auch aus einer zeitgeschichtlichen Perspektive.

Aus persönlicher Sicht ist es so, dass dieses Bild ein Schlüsselbild für mich war. Das gemalte Bild vom rückkehrenden Wolf gab mir vor vielen Jahren das Vertrauen, meinen gelernten Beruf als Hochbauzeichner an den Nagel zu hängen und mich künftig der Kunst und dem Naturschutz zu widmen. Das Beobachten, Beschreiben, Fotografieren und Malen von wild lebenden Tieren, insbesondere von Wölfen, wurde zum zentralen Fokus meiner Arbeit.

Aus zeitgeschichtlicher Perspektive sind das Entstehungsdatum und der Titel des erwähnten Bildes relevant. Als ich «The Return of the Wolf» 1994 malte, wurde bekannt, dass es ambitionierte Pläne gab, Wölfe in Kanada einzufangen und dann im Herzen der Vereinigten Staaten, im Yellowstone Nationalpark, auszuwildern. Ein Jahr später, im Jahr 1995, war es dann so weit. Der Plan wurde trotz heftigen Widerstandes umgesetzt. Währenddessen breitete sich in Westeuropa die einst kleine italienische Wolfspopulation, die östlich von Rom die Ausrottungsgelüste der Menschen überstanden hatte, nach Norden aus, nachdem sie unter Schutz gestellt worden war. Zur gleichen Zeit, als in Yellowstone Wölfe ausgesetzt wurden, überquerte erstmals seit geraumer Zeit ein wild lebender italienischer Wolf die Grenze zur Schweiz. The return of the wolf, sprich die Rückkehr der Wölfe, war in Nordamerika sowie in Westeuropa zur Zeit der Fertigstellung des Aquarells in vollem Gange. Seither sind knapp drei Jahrzehnte vergangen und vieles ist geschehen. Während in Yellowstone die Arbeit von unzähligen Wolfsbiolog:innen und Feldbeobachtungen die Wichtigkeit der Wölfe für eine gesunde Natur vielfach aufgezeigt und die Wolfswissenschaft regelrecht revolutioniert hat, scheint das Wissen über Wölfe in den Alpen zu stagnieren. Schlimmer noch. Wölfe werden je länger, je mehr einzig und allein auf das Erbeuten von

Nutztieren – vor allem ungenügend geschützte Schafe – und auf Nahbegegnungen mit Menschen reduziert. Die Hintergründe, warum es zu Nutztierrissen kommt, und was genau bei den Nahbegegnungen passiert ist, bleiben meist im Dunkeln. Das versteckte Leben und das Verhalten der Wölfe mit all ihren faszinierenden Facetten bleiben unerzählt. Auch das Recht auf ein anständiges und würdiges Leben eines Wolfes und seiner Familie als Teil der Schöpfung ist kaum Teil der Debatte. Zudem degradieren die Behörden eines der intelligentesten und sozialsten Lebewesen zu nichts anderem als Zahlen, Nummern und Statistiken. Das Ziel dieses Buches ist es, einen anderen Blickwinkel aufzuzeigen. Zum ersten Mal soll die Rückkehr der Wölfe im Herzen der Alpen aus ihrer Sicht erzählt werden. Was bedeutet es, wenn ein Wolf aus seinem höchst sozialen Familienverband geschossen wird? Wie nehmen die Wölfe die Interaktionen mit Menschen oder auch untereinander wahr? Wie überleben die grauen Jäger in einer von Menschen dominierten Landschaft? Was treibt sie an, die Wölfe? Dies sind einige der Fragen, die in «Wolfsdynastien» beantwortet werden.

Die Wölfe, die in diesem Buch beschrieben werden, lebten oder leben zwischen den Quellen des Vorder- und des Hinterrheins. Ihre Lebensgeschichten ähneln denjenigen, die anderswo leben. Es sind nämlich immer dieselben Abläufe und immer die gleichen Konflikte, die zwischen Menschen und Wölfen entstehen. Ob nun in der Schweiz, in Deutschland, Österreich, Schweden, Nordamerika oder anderswo. Bezüglich der beschriebenen Lebensgeschichten der Wölfe in «Wolfsdynastien» ist es mir wichtig festzuhalten, dass ich alles versucht habe, ihre Geschichten so wahrheitsgetreu und respektvoll wie möglich in chronologischer Reihenfolge zu rekonstruieren. Es sind Geschichten von realen Wölfen. Wissenschaftler gaben ihnen Nummern. Etwa F07 oder M92. Ich habe im Buch bewusst keine Nummern verwendet, sondern wollte Namen kreieren, die entweder auf körperliche Merkmale oder auf sonst eine Eigenheit oder Herkunft des Wolfes hinweisen. Zum Beispiel nenne ich M56 im Buch «Zop», was Rätoromanisch ist und «der Hinkende» bedeutet. Wer die wissenschaftliche Bezeichnung der Hauptprotagonisten oder die verschiedenen Wolfsterritorien sowie einen vereinfachten Stammbaum nachschauen will, kann dies am Ende dieses Buches machen.

Wie bereits erwähnt, habe ich versucht, die Geschichte der Rheinquellwölfe so wahrheitsgetreu wie möglich zu erzählen. Vieles des Beschriebenen kann ich belegen. Genauso oft musste ich jedoch erahnen, was passiert sein konnte. Dazu nutzte ich a) meine persönlichen langjährigen Beobachtungen von wild lebenden Wölfen in Kanada, in den USA und in der Schweiz; b) Beobachtungen von Wissenschaftlern:innen und Biolog:innen, die mir bekannt sind; c) die DNA-Datenbank von Kora (Koracenter.ch); d) Videos und Fotos von Wolfsverhalten sowie e) Sichtungen, Beobachtungen und Wildkameraaufnahmen von den im Buch vorkommenden Wölfen, die ich von verschiedenen Quellen erhalten habe. Es ist mir wichtig anzumerken, dass ich keine Geschichte oder Abläufe frei erfunden habe. Jedoch habe ich einige Wolfsereignisse, die anderswo stattfanden, eingebaut, um den Fluss der Geschichte so verständlich wie möglich zu halten und auf wichtiges Wolfsverhalten hinzuweisen. Zudem war es mir nicht immer möglich, alle Fakten so zu sammeln, wie ich es gewollt hätte. Einige Leute oder Institutionen, die direkt an den im Buch beschriebenen Ereignissen beteiligt waren, wollten keine Auskunft geben. So musste ich entsprechende Vorkommnisse anhand von akribischen Recherchen und persönlichen Erfahrungen rekonstruieren. Dies gilt nicht nur, aber insbesondere bei den beschriebenen Akten der Wilderei, bei Nahbegegnungen zwischen Menschen und Wölfen oder bei territorialen Kämpfen unter den Wölfen. So kommt es, dass einige der im Buch beschriebenen Ereignisse und Abläufe von den «offiziellen» – und ohne Zweifel oft politisch motivierten – Schilderungen abweichen. Denn – und dies muss man sich vor Augen halten – bei all den Diskussionen rund um das Thema Wolf geht es nicht unbedingt um Wölfe. Es geht vor allem um uns Menschen. Es geht darum, wie wir mit der Natur umgehen wollen. Und es geht um Macht, Geld und Politik.

In diesem Buch soll es jedoch für einmal nicht um uns und unsere (Macht-)Spielchen gehen. In diesem Buch sollen ohne Wenn und Aber die Wölfe und ihre faszinierenden Lebensgeschichten im Zentrum stehen.

Dies ist ihre Geschichte. Die Geschichte der Rheinquellwölfe.

«Irgendwo im Osten heulte ein Wolf. Es klang rufend und fragend. Ich kannte diese Stimme, denn ich hatte sie oft genug gehört. Es war George, der ein Echo von den ausgebliebenen Mitgliedern seiner Familie erhoffte. Für mich aber war es eine Stimme, die von einer verlorenen Welt sprach, die einmal die unsere gewesen war, ehe wir uns dazu entschlossen hatten, die Rolle des Feindes zu spielen.»

Zitat aus «Ein Sommer mit Wölfen» von Farley Mowat.

Die Ur-Wölfin

Halbmond

Benommen lag eine neugeborene Wölfin auf dem nackten, lehmigen Boden und atmete tief ein. Es war der erste Atemzug ihres noch jungen Wolflebens. Sehen konnte sie nichts. Hören auch nicht. Doch fühlen, das konnte sie. Dies bemerkte die junge Wölfin, als eine riesengrosse Zunge über sie herfiel. Instinktiv wusste die Neugeborene, dass diese Zunge ihr nichts Böses antun wollte, im Gegenteil. Es war die Zunge ihrer Mutter. Obwohl ein wenig unangenehm, so liess der Welpe die Prozedur der Fellreinigung über sich ergehen. Das intensive Lecken der Mutter in Verbindung mit den ersten Atemzügen weckten in der neugeborenen Wölfin ihre Lebensgeister. Sie fühlte, wie es überall in ihrem Körper zu kribbeln anfing. Im Bauch. In den Pfoten. In der Tiefe ihres Kopfes. Wolfsmutter Chiara, eine feine Wölfin mit einem sehr hellen Fell, entfernte daraufhin die Nabelschnur, die sie mit ihrer Tochter Halbmond verband.[1]

Dann leckte die Wolfsmutter Halbmond noch ein paar weitere Male ab, bis diese anfing, sich zu bewegen. Kurz danach kraxelte die Neugeborene mithilfe ihrer kleinen Pfötchen der Bauchwand ihrer Mutter entlang, bis sie auf weiche Zitzen stiess. Dort nahm Halbmond wohlbehütet ihren ersten kräftigen Schluck Milch.

Im Verlauf der nächsten acht Stunden wiederholten sich in der Tiefe dieser sternklaren Mainacht die verschiedenen Phasen der Geburt noch weitere fünfmal. Als sich ein neuer Tag ankündigte, schliefen Halbmond und ihre fünf Geschwister zufrieden und dicht aneinandergedrängt neben ihrer Mutter. Da wurde Wolfsmutter Chiara auf einmal durch ein Geräusch von ausserhalb der Wurfshöhle aufgeweckt. Zwei grosse männliche Wölfe waren im Anmarsch. Der Anführer hatte eine kraftvolle, elegante Statur. Ein Bild von einem Wolf. Es war Lupo, der Partner von Chiara. Dicht an seiner Seite lief sein Sohn Uno, der Erstgeborene des

1 Die frischgeborene Wölfin sollte später in ihrem Leben wegen einer Verletzung eine Narbe am rechten Vorderlauf tragen, die an einen Halbmond erinnerte. Deshalb ihr Name.

letztjährigen Wurfes. Lupo und Uno waren in der Nacht auf der Jagd gewesen und waren nun auf den Heimweg. Kurz bevor sie bei der Wurfshöhle ankamen, rannte Uno los, um als erster beim Höhleneingang zu sein. Sein Vater nahm die Herausforderung an. Er rannte seinem Junior nach und überholte ihn kurz, bevor dieser die Wurfshöhle erreichte. Als er bei der Höhle angekommen war, hörte Lupo ein leises Winseln. Sofort wusste er, dass er Vater geworden war. Erwartungsvoll steckte Lupo seinen Kopf unter die Erde. Dicht hinter ihm drängte sich Uno an den Körper seines Vaters. Auch er hätte allzu gerne erkundet, was in der Höhle vor sich ging. Lupo liess ihn jedoch nicht passieren. Mit wedelndem Schwanz drückte er seinen hinteren Teil gegen seinen neugierigen Sohn und verunmöglichte diesem jegliches Weiterkommen. Er selbst traute sich jedoch auch nicht weiter vor. Denn ungefähr drei Meter von ihm entfernt und von tiefer Dunkelheit umhüllt, lag Chiara mit den Neugeborenen. Sie machte durch ein lautes Knurren unmissverständlich klar, dass sie in dieser heiklen Phase nach der Geburt keinen anderen Wolf in der Höhle dulden würde. So zog Lupo seinen Kopf wieder zurück. Er war jedoch zu aufgeregt, um mir nichts, dir nichts zur Tagesordnung zurückzukehren. Vollgepumpt mit Glückshormonen spurtete er zum nächsten Baum und fing an, wie wild zu buddeln. Es dauerte nicht lange, bis er ein etwa 40 cm tiefes Loch gegraben hatte. Dann machte er zwei Schritte zurück und steckte seinen Kopf hinein, um frisches Hirschfleisch hineinzuwürgen. Als Nächstes schob er vorsichtig die frisch herausgegrabene Erde mit der Nase über die Fleischration hinweg und fertig war das Futterdepot für seine Partnerin Chiara. Nach getaner Arbeit lief er zurück in Richtung Bau und legte sich unter einer mächtigen Rottanne zum Schlummern nieder. Uno hatte es sich derweil direkt vor dem Eingang der Höhle auf der umgewühlten Erde gemütlich gemacht und legte seinen Kopf auf seine grossen Pfoten. Obwohl er sich nicht in den Bau wagte, fand er grosse Genugtuung darin in Riech- und Hörweite von seiner Mutter und seinen jungen Geschwistern zu sein. Uno hatte einen stark ausgeprägten Familiensinn. Während seine gleichaltrigen Geschwister allesamt entweder abgewandert oder sonst von der Bildfläche verschwunden waren, hatte er es nicht eilig, es ihnen gleichzutun. Zu stark war sein Verlangen bei seinen Eltern zu bleiben. Zu sehr interessierte er sich für das neue wölfische Leben, das er unter der Erde vernommen hatte. Und so entschied er sich zu bleiben.

Zehn Tage nachdem Halbmond das Licht der Welt erblickt hatte, zogen dunkle Wolken auf und die Temperaturen purzelten weit unter die Null-

gradgrenze. Schnee fiel und für ein paar Tage hatte der Winter das Gebiet ein letztes Mal in dieser Saison in seinem eisigen Griff. Obwohl die Welpen bereits mit Fell bestückt auf die Welt gekommen waren, wären sie zu Tode gefroren, hätte ihre Mutter Chiara sie nicht liebevoll mit ihrem Körper gewärmt. Als nach vier Tagen die frühlingshaften Temperaturen zurückkehrten und den frisch gefallenen Schnee zum Schmelzen brachten, waren knapp zwei Wochen seit der Geburt von Halbmond und ihren Geschwistern vergangen. Langsam, aber sicher öffneten sich Halbmonds kleine Augen. Zum ersten Mal konnte sie ihre Mutter nicht nur riechen, sondern auch sehen. Anfänglich war alles noch stark verschwommen. Doch von Stunde zu Stunde, von Tag zu Tag verbesserte sich ihre Sehkraft. Und je besser sie sah, desto mehr war sie von der Grösse und Schönheit ihrer Mutter beeindruckt. Es war zu jener Zeit, als Halbmond zum ersten Mal bemerkte, wie ihre Mutter sie – wenn auch nur für eine kurze Zeit – verliess und durch den fast erblindend hellen Durchgang verschwand. Was ausserhalb der Höhle vor sich ging, wusste Halbmond nicht. Für sie bestand in den ersten Wochen ihr ganzes Universum aus der unter einer grossen Tannenwurzel gegrabenen Höhle. Um dieses Reich zu erkunden, stolperte sie mehr schlecht als recht mit unsicheren Pfoten auf dem unebenen Boden hin und her. Dabei stiess sie ab und zu mit ihrem Kopf an der Höhlenwand an und wurde unsanft daran erinnert, dass ihre Welt dort endete. Dank der geöffneten Augen verbesserte sich ihre Koordination ein bisschen und der Schädel brummte weniger oft.
Zwanzig Tage nach der Geburt erreichte Halbmond einen weiteren Meilenstein in ihrem noch jungen Leben. Sie fühlte, wie ihre kleinen Öhrchen sich langsam aufrichteten. Dies bewirkte, dass sie zum ersten Mal Töne wahrnehmen konnte. Sei es das Winseln der Geschwister oder das Hecheln ihrer Mutter. Die neuen Wahrnehmungen machten das Leben im Dunkeln noch viel spannender. Nichts konnte Halbmond jedoch auf das vorbereiten, was sie inmitten dieser Nacht zu hören bekam. Von aussen her drang das Heulen ihres Vaters und ihres grossen Bruders bis zu ihnen in den Bau vor. Es dauerte nicht lange, bis ihre Mutter anfing, aus dem Bau heraus zu antworten. Das Familiengeheul ging Halbmond durch Mark und Bein. Ihr Herz pochte aufgeregt und ein wärmendes Gefühl der Zusammengehörigkeit breitete sich in ihrer Brust aus. Allzu gerne hätte sie mitgesungen. Doch ihre Stimme war noch zu schwach.
Zwei Tage nach dem nächtlichen Heulkonzert nahm Halbmond ein starkes Winseln wahr, das von ausserhalb der Höhle zu ihr drang. Es war ihre Mutter Chiara, die kurz zuvor die Wurfshöhle verlassen hatte und nun

versuchte, Halbmond und ihre Geschwister zum ersten Mal ins Freie zu locken. Halbmond war die Erste, die sich ein wenig nach vorn traute. Mit wachen Ohren und Augen blieb sie vor dem hellen Eingang stehen und bewegte ihren Kopf leicht auf und ab. Sie versuchte, Gerüche von aussen wahrzunehmen. An ihre Seite gesellte sich, wie so oft in den letzten Wochen, ihre Schwester, die letztgeborene Mina. Dann stiess Big, der grösste aller Welpen, hinzu. Das grelle Licht schien für sie alle eine unüberwindbare Barriere zu sein. Weder Halbmond noch Mina waren mutig genug, um weiter voranzuschreiten. Da fasste sich Big ein Herz, schritt voran und überwand die grelle Lichtbarriere. Als nichts Böses geschah, folgten Halbmond und Mina etwas unsicher ihrem Bruder.

Als die drei unter der Erde hervorkrochen, wurden sie von neuen Eindrücken überwältigt. Da gab es herumschwirrende Insekten, riesige Bäume, Steine und Gras. Am liebsten wären alle wieder tief unter die Erde gekrochen, wäre da nicht ihre Mutter einige Meter von ihnen entfernt gewesen. Sobald Halbmond ihre Mutter sah, nahm sie all ihren Mut zusammen und preschte ungestüm in ihre Richtung. Bei Chiara angekommen, stolperte sie über deren ausgestreckte Pfoten und fiel kopfvoran direkt vor Chiaras Nase hin. Als Halbmond sich aufrichten wollte, landete auch schon Mina direkt auf ihr. Die Mutter stupste Mina sanft von ihrer Schwester und befreite Halbmond aus ihrer misslichen Lage. Bevor die beiden Schwestern auf all ihren Vieren wieder zum Stehen kamen, wurden sie erneut zu Fall gebracht. Big und die restlichen drei Welpen waren herbeigeeilt, um ihre Mutter zu begrüssen. Lupo und Uno bemerkten das Durcheinander sofort und eilten herbei, um die Welpen mit grosser Freude und viel Schwanzwedeln zu inspizieren und zu beschnuppern.

Neun Wölfe, drei Erwachsene und sechs Welpen, alle auf einem Haufen, waren schlussendlich für Halbmond ein wenig zu viel des Guten. Sie kämpfte sich unter ihren Geschwistern hervor und torkelte zurück Richtung der ruhigen Wurfshöhle. Am oberen Rand des Eingangs angekommen, wusste sie nicht so recht, wie sie den steilen Weg in die Höhle hinunter meistern sollte. Als sie fraglich zurück Richtung Mutter schaute, verlor sie das Gleichgewicht und stürzte in den dunklen Abgrund. Als Mutter Chiara den schmerzerfüllten Aufschrei ihrer Tochter hörte, rannte sie sofort zum Baueingang herüber. Am Rand angekommen und ins Loch schauend, sah sie, wie zwei grosse Augen zu ihr heraufschauten. Ihre Tochter hatte vielleicht einen leicht schmerzenden Kopf, war aber ansonsten in bester Verfassung. Nichts geschehen. Das Missgeschick beim ersten Ausflug hinderte Halbmond nicht daran, in den kommenden Tagen im-

mer wieder aus dem Bau zu treten und die nähere Umgebung zu erkunden. Da gab es einfach zu viele aufregende Dinge zu bestaunen. Fliegende Schmetterlinge, in die Nase beissende Ameisen, herumfliegende Blätter. Bei solch einem Ausflug stiess Halbmond eines Tages auf ein bizarres Geschöpf. Es war lang und glatt und hatte keinerlei Beine. Trotzdem konnte das Tier recht schnell durchs Gras und über Steine kriechen. Es war eine etwa ein Meter lange Ringelnatter, die Halbmond entdeckt hatte. Als die Schlange Halbmond wahrnahm, versuchte sie sich zwischen einigen Steinen zu verkriechen. Halbmond wollte dies nicht zulassen und packte das Reptil am Schwanz. Die Schlange liess sich dies nicht gefallen, kehrte ihren Kopf und biss blitzschnell der jungen Wölfin in die Nase. Jaulend liess Halbmond von der ungiftigen Ringelnatter ab. Das Gejaule von Halbmond wurde von ihrem grossen Bruder Uno, der Halbmond heimlich gefolgt war, wahrgenommen. Dieser eilte herbei und beruhigte Halbmond mit liebevollem Schnauzelecken. Danach begleitete Uno die Ausreisserin zum Bau zurück.
In den kommenden Tagen setzte sich eine Art Routine bei der Wolfsfamilie ein. Durch den Tag wurde vor allem eins gemacht, nämlich viel geschlafen. Die Jungschar hielt sich im Bau auf, während sich die erwachsenen Wölfe unter einer nahestehenden Tanne zum Schlafen niederlegten. Einzig Uno spielte weiterhin am liebsten den Wächter und nahm mit Vorliebe Platz am Eingang der Höhle. Ab und zu schaute Chiara bei den Welpen vorbei und animierte diese unter der Erde hervorzukriechen, um sie zu säugen oder mit ihnen zu spielen.
Als sich der längste Tag des Jahres anbahnte, forderte Wolfsmutter Chiara ihre gesamte Familie mit tiefen, leisen, repetierenden Tönen auf, ihr zu folgen. Nach ungefähr 20 Minuten Laufzeit durch den Wald gelangten sie alle zu einer grossen, kreisförmigen Waldlichtung, die mit hohem, saftigem Gras überwuchert war. Die Waldlichtung war von riesigen Tannen umgeben. Da und dort lag ein umgefallener Baum. Nicht weit davon entfernt befand sich eine kleine Wasserquelle, die beruhigende Töne von sich gab. Dieser Ort sollte für Halbmond und ihre Geschwister in den kommenden Wochen ihr neues Zuhause sein. Halbmond konnte es kaum erwarten, mit Mina, Big und Co. die neue Umgebung zu erkunden. Das tat sie dann auch ausgiebig. Ab und zu war sie allein unterwegs, ab und zu mit Mina, Big oder mit den anderen Geschwistern. Anfänglich wurden sie alle regelmässig von Uno begleitet, der auf die Jungmannschaft aufpasste, während ihre Eltern entweder auf der Jagd waren oder sich von den Jagdstrapazen ausruhten.

Die Zweibeiner

Es war bereits Mitte Sommer, als Halbmond zum ersten Mal Erfahrung mit Menschen machte. Halbmond und ihre Geschwister waren wieder einmal auf Erkundungstour. Glücklicherweise war auch Uno mit von der Partie, als die Welpen völlig unerwartet die Stimmen von Zweibeinern wahrnahmen. Babysitter Uno erkannte die nahende Gefahr. Mit einem kurzen, bellartigen Laut alarmierte er die Welpen und sie alle zogen sich blitzschnell zurück. Aus sicherer Distanz und zwischen den Bäumen hindurch erblickte Halbmond erstmals Menschen. Es waren deren drei. Das Kuriose an diesen Kreaturen war, dass sie sich nur auf zwei Beinen fortbewegten. Halbmond wunderte sich, wie das gehen konnte, ohne dass diese die Balance verloren und auf die Schnauze fielen. Wer waren diese Wesen und woher kamen sie? Als Halbmond die Zweibeiner etwas genauer betrachtete, bemerkte sie, dass all diese ungebetenen Besucher etwas auf ihrem Rücken trugen. Es schien ein lebloses Ding zu sein. Es hatte etwas, was wie ein langer Schnabel aussah und das über und über mit kleinen schwarzen Zacken bespickt war. Als einer der Männer an diesem Ding herumhantierte, erwachte es urplötzlich zum Leben. Es zitterte, vibrierte und schnaubte dunklen, stinkenden Rauch aus seiner Nase. Dabei machte es einen ohrenbetäubenden Lärm. Vielleicht war das Ding ja doch lebendig? Der Mann nahm das fürchterlich lärmige Objekt in die Hand und marschierte damit auf einen grossen Baum zu. Kurz danach wackelte der stachelige Riese und fiel krachend zu Boden. Eingeschüchtert machte Halbmond ein paar Schritte zurück. In diesem Moment entschied Uno, die Jungen tiefer in den Wald, jenseits der grossen Lichtung, zur Wurfshöhle zurückzuführen. So nahe bei den Zweibeinern zu bleiben, war keine gute Idee. Dort angekommen stiegen alle Welpen in die Tiefe der Höhle, die sie so gut kannten. Hier fühlten sie sich sicher. Der Lärm, den die Menschen über Stunden im Gebiet der Wolfsfamilie kreierten, war unter der Erde im Bau kaum noch zu hören und die Welpen beruhigten sich. Der Ausflug hatte sie alle müde gemacht. Sie schmiegten sich eng aneinander und schliefen bald ein. Halbmond verarbeitete das Gesehene in einem furchtbaren Albtraum:

Ein Mann mit dem lärmenden Ding in den Händen rannte auf sie zu, als ob er sie zu Fall bringen wollte. Im letzten Moment konnte sie flüchten. Der Zweibeiner liess nicht locker und verfolgte sie, wohin sie auch ging. Schlimmer noch. Mehr und mehr Zweibeiner, alle mit ihren Maschinen bestückt, tauchten wie aus dem Nichts auf und sie alle hatten es auf sie abgesehen.

Während Halbmond im Traum so schnell rannte, wie sie nur konnte, bewegte sie ihre Pfoten schnell hin und her. Dabei winselte und schnaufte sie ganz fest. Mina bemerkte den unruhigen Schlaf ihrer Schwester, stand auf und legte sich neben ihr nieder. Halbmond erwachte kurz, sah Mina neben sich und beruhigte sich wieder. Von diesem Tag an traute Halbmond keinem Zweibeiner mehr über den Weg. Diese Lebewesen schienen mit allen Wassern gewaschen zu sein. Sie beherrschten sogar leblose Sachen, mit denen sie grausame Dinge anrichten konnten. Da sie so müde war, glitt sie bald wieder ins Land der Träume zurück, wo dieses Mal keine Menschen mehr auftauchten. Dafür rannte sie durch eine mit Alpenblumen gespickte Wiese, jagte Heuschrecken, Bienen und sogar grosse Hirsche.

Als der Sommer zu Ende ging und die Birken und Lärchen ins goldige Herbstkleid wechselten, war der Geruch von Menschen im Wolfsgebiet stärker als je zuvor. Überall schien es von den Zweibeinern zu wimmeln. Während dieser Zeit hörte Halbmond regelmässig laute Knalle im elterlichen Gebiet. Eines Morgens, als der erste Schneesturm der Saison das Land unter einer 30 Zentimeter dicken Schneeschicht begraben hatte, wollte Halbmond einem dieser Laute auf den Grund gehen. Sie schlich sich von der Familie weg und begab sich mutterseelenallein auf eine Erkundungstour. Nachdem sie etwa einen Kilometer weit gelaufen war, erblickte sie einen Zweibeiner, der etwas, was wie ein Stock aussah, mit sich trug. Der Mann lief zu einem Baum hin, schulterte das dünne, lange Ding und fing an, auf die Tanne zu klettern. Auf ungefähr vier Meter Höhe stieg der Mensch auf einer Plattform in eine Art vorgebautes Nest und machte es sich dort gemütlich. Halbmond sah bald nur noch den schwarzbraunen Stock aus dem «Nest» herausragen. Was hatte dieser Zweibeiner vor?

Halbmond hatte nicht die Absicht wegzugehen, ohne zu wissen, was dieser Mensch auf dem Baum im Schilde führte. Den Zweibeiner ein wenig zu beobachten, konnte nicht schaden. Lange geschah nichts. Doch Halbmond hatte keine Mühe, sich in Geduld zu üben. Nach ungefähr zwei Stunden erblickte die junge Wölfin keine 100 Meter von ihr entfernt einen Rehbock, der sich auf die Waldlichtung vorwagte. Der Bock schien unsicher zu sein. Vielleicht hatte er Wind von ihr oder dem Menschen bekommen? Trotz der Unsicherheit trat der Rehbock weiter hinaus auf die Waldlichtung. Dabei stampfte er wiederholt mit seinem vorderen Bein im

Schnee. Ein Zeichen seiner Intuition, dass da was im Busch war. Halbmond vergass für einen Augenblick den Zweibeiner auf dem Baum. Plötzlich, wie aus dem Nichts, ertönte ein unglaublich lauter Knall, ähnlich einem Donner, nur viel kürzer und intensiver. Halbmond zuckte zusammen und realisierte, dass dieser Lärm, den sie in den letzten Tagen schon des Öfteren von Weitem gehört hatte, vom langen Stock des Menschen gekommen war. Sie schaute auf den Rehbock und sah, wie dieser zu taumeln begann und schlussendlich zu Boden ging. Kurz darauf kletterte der Zweibeiner hastig vom Baum und eilte zu dem am Boden liegenden Rehbock. Das Ganze war zu viel für Halbmond. Was war geschehen? Was für einen Zusammenhang hatten der Knall, der taumelnde Bock und dieser lange Donnerstock in der Hand des Menschen? Kann es sein, dass der Zweibeiner für den Tod des Rehbocks verantwortlich war? Aber wie? Es machte keinen Sinn, schien jedoch miteinander verbunden zu sein. So viel war sicher. Halbmond hatte genug gesehen, zog sich vorsichtig zurück und eilte zu ihrer Familie zurück.

Erste Jagd

Ein paar Wochen später war es für Halbmond und ihre Geschwister an der Zeit, selbst das Handwerk des Jagens zu erlernen. Die Wolfs-Lebensschule hatte begonnen. Chiara und Lupo, zusammen mit Uno, fingen an, mit der Jungmannschaft durch das ganze Territorium zu laufen. Dabei zeigten sie den Jungen nicht nur das Gebiet, sondern lehrten die Welpen, was es braucht, um zu überleben. Das Leben der Sesshaftigkeit war endgültig vorbei. Die Wölfe wurden zu Nomaden in ihrem grossen Reich.
Die Wolfseltern hatten über die Jahre hin gelernt, zu welchen Jahreszeiten sich wo welche Tierarten in grosser Zahl aufhielten. So wussten sie zum Beispiel, dass sich am südwestlichen Ende ihres Reichs, just über der Waldgrenze, jeden November eine grosse Herde Gämsen versammelte. Die Hornträger kehrten dort während der Brunftzeit ein. Das Gebiet war ideal für eine Gämsejagd. Die Alpweiden, die direkt neben dem Wald lagen, waren gesäumt mit kleinen Hügeln und natürlichen, kanalartigen Furchen. Ideal, um sich unbemerkt anzuschleichen. Dieser Ort war das Ziel des ersten offiziellen Jagdausflugs der ganzen Wolfsfamilie.
Unterwegs zur Gämsejagd stiessen sie unerwartet auf einen prächtigen Hirschstier. Als dieser die Wölfe um die Ecke kommen sah, stand er zunächst wie versteinert da. Chiara, die zuvorderst lief, blieb beim Anblick sofort stehen. Der Rest der Familie tat es ihr gleich. Die Mutter streckte ihre Nase in die Höhe und analysierte den Geruch, der vom Hirsch her in ihre Richtung wehte. Der Hirsch seinerseits wandte sich ohne Hast ab und stolzierte mit erhobenem, leicht nach hinten gebeugtem Haupt und Geweih seitwärts weg. Nach ein paar Schritten machte er Halt und schaute fast schon herablassend auf die Wölfe zurück. Gespannt wartete Halbmond ab, was passieren würde. Unterdessen hatte sich ihr Vater Lupo an die Seite von Chiara gestellt. Gemeinsam beobachteten sie den Geweihträger für mehrere Sekunden. Halbmond erwartete, dass ihre Eltern jeden Augenblick die Jagd lancieren würden, und machte sich bereit. Stille kehrte ein. Sekunden fühlten sich an wie Stunden. Zu ihrem Erstaunen schienen jedoch weder ihre Eltern noch Uno an diesem Hirsch interessiert zu sein. Im Gegenteil. Sie alle drehten ab und trotteten davon. Das kann es doch nicht sein. Ein Hirsch im besten Alter, gross und stark und mit viel Fleisch an den Knochen. So einen musste man doch jagen! Halbmond war enttäuscht von ihren Eltern. Sie glaubte, sie könnte es besser. Blitzschnell und übermütig schoss Halbmond vor. Mina schien die gleichen Gedanken gehabt zu haben und folgte ihrer Schwester. Der Hirsch traute

seine Augen nicht, als er die entschlossenen, nach vorne stürmenden jungen Wölfinnen sah. Fast schon ein wenig amüsiert von der ungestümen Attacke, machte er kehrt und lief in lockerem Trab davon. Chiara, Lupo und der Rest der Familie blieben stehen und beobachteten erstaunt die zwei Schwestern bei ihrem ersten Jagdversuch. Die zwei hatten noch nicht begriffen, dass dieser Hirsch eine Nummer zu gross und zu stark für sie war. Halbmond und Mina schnellten über Stock und Stein den Hang hinauf und folgten dem Hirschstier in den dichten Wald, ausser Sichtweite der restlichen Familie. Gespannt warteten alle ab, was als Nächstes passieren würde. Zunächst blieb es verdächtig ruhig. Dann ertönte ein Krachen von auseinanderbrechenden Ästen. Scheinbar hatten die Wölfinnen den Hirsch gestellt. Dann wieder Ruhe. Dann wieder Töne von brechendem Gehölz. Auf einmal schossen die zwei Wölfinnen aus dem Wald, der stolze Hirschstier dicht auf ihren Fersen. Die Jägerinnen wurden zu den Gejagten. Chiara und Lupo drehten ab, gaben einen leichten Seufzer von sich und liefen weiter. Es war offensichtlich: Ihre Jungmannschaft musste noch viel lernen.

Nach mehreren Stunden Marsch in Reih und Glied erreichte die wölfische Jagdgesellschaft endlich die obere Waldgrenze. Bevor die Familie im Dämmerlicht gänzlich aus dem Wald trat, blieb Chiara stehen und inspizierte wieder einmal den Wind mit ihrer feinen Nase. Sogar Halbmond konnte den starken Geruch der Gämsen problemlos riechen.
In leicht geduckter Haltung und mit nach vorne gerichteten Ohren lief Chiara zielorientiert in einer der vielen Mulden im Gelände weiter. Der Rest der Familie, ausser Lupo und Uno, folgte ihr. Chiara wusste ganz genau, wo die Gämsen sich aufhielten, ohne sie direkt zu sehen. Das unübersichtliche Terrain half ihnen unbemerkt an einer Gruppe grasender Gämsen vorbeizuziehen, bis sie oberhalb der Hornträger aus der Vertiefung herauskamen. Dann lancierte die Wolfsmutter die Jagd. Wie ein Blitz preschte sie vor und überraschte die Gämsen im offenen Gelände von oben her. Panik brach aus und die Hornträger rannten so schnell sie konnten den Hang hinunter. Ihr Ziel war eine nahe steilabfallende Felswand. Genau darauf hatten Lupo und Uno spekuliert, als sie zurückgeblieben waren. Jetzt schossen sie aus ihrer Deckung hervor. Lupo rannte nach links und schnitt den Flüchtenden gekonnt den Weg ab. Die Gämsen korrigierten ihre Flucht Richtung Wald. Dabei stiessen sie auf Uno und waren gezwungen ein weiteres Mal ihre Richtung zu ändern. Nun rannten sie geschlossen querfeldein. Die Jagd kam so richtig in Fahrt.

Halbmond war zunächst an vorderster Front, direkt hinter ihrer Mutter Chiara. Dabei fiel ihr auf, dass eines der Tiere, eine junge Geiss, ein wenig lahmte und leicht zurückfiel. Uno, der schnellste unter ihnen, tauchte wie aus dem Nichts auf und schoss zielgerichtet vor. Als er die Gämse eingeholt hatte, versuchte er die Hornträgerin an den Fersen zu packen. Dabei geriet die Gejagte ins Straucheln. Genau in diesem Augenblick erschienen Lupo und Chiara von der Seite. Chiara versuchte, in die Flanke der springenden Gämse zu beissen, während Wolfsvater Lupo die Gämse überholte und ihr mit einer wilden Entschlossenheit direkt an den Hals sprang. Er konnte sich nicht festbeissen und musste wieder loslassen. Doch die Fliehende geriet aus der Balance, fiel zu Boden und überschlug sich mehrmals. Als sie sich nach ein paar Salti wieder aufraffen wollte, stürmte Lupo ein weiteres Mal heran. Dieses Mal sass der Halsbiss. Einmal am Boden, und mit einem 40 Kilo schweren Wolfsrüden an der Gurgel, konnte die Hornträgerin sich nicht mehr befreien. Die erste erfolgreiche Familienjagd war Tatsache. Genüsslich und ohne jeglichen Streit wurde das Festmahl bis auf den letzten Knochen zwischen den Jägern geteilt. Wenige Stunden später war ausser ein paar kleinen Knochensplittern und Fellresten nichts mehr von der Gämse übrig.
In den nächsten Tagen, Wochen und Monaten wiederholte sich die Szene. Ob nun Gämse, Hirsch oder Reh. Halbmond lernte in dieser Zeit, dass die Teamarbeit das A und O bei der Jagd war. Ihre Mutter war eine sehr geschickte Jägerin, doch war sie nicht so schnell wie Uno. Unos Schnelligkeit machte sich immer wieder bezahlt. Letztendlich war es jedoch Vater Lupo, der dank seiner körperlichen Überlegenheit, die grosse Beute am besten zu Fall bringen konnte.

Menschenwege

Zu jener Zeit, als die Landschaft unter einer dicken Schneedecke begraben war, zogen die Hirsche, die Hauptbeute der Wölfe, von den Bergen in die Täler hinunter. Wollte die Wolfsfamilie überleben, musste sie auch dorthin ziehen. Halbmond war es bei dem Gedanken, im Talboden auf Hirschjagd zu gehen, überhaupt nicht wohl, da es dort von Zweibeinern nur so wimmelte. Doch sie steckte ihr mulmiges Gefühl zur Seite und vertraute der Weisheit ihrer Eltern. Schliesslich, und dies war Halbmond durchaus bewusst, hatten die Hirsche und Rehe auch einen Weg gefunden, um in unmittelbarer Nähe ihrer grössten Feinde, den Zweibeinern, im Winter zu überleben. Somit sollte es auch für ihre Familie möglich sein. Der Trick, so erkannte Halbmond, lag darin, in der Nacht auf die Jagd zu gehen. Die Menschen sahen kaum was in der Dunkelheit und zogen sich zum Schlafen zurück. Mitten in der Nacht waren deren Siedlungen meist menschenleer. Genau zu dieser Zeit wagten sich die Hirsche und Rehe auf die Felder vor. Die Nacht gehörte den Wilden, dies hatte Halbmond begriffen. Und so jagte die Wolfsfamilie auf den Feldern vor den Toren der Dörfer und Städte im Schutze der Nacht erfolgreich Hirsch und Reh. Tauchte trotzdem mal ein Mensch unerwartet auf, so war es ein Leichtes, sich im Dunkeln aus dem Staub zu machen. Solange die Zweibeiner ihren Riss in Ruhe liessen, kehrte die Familie zurück, um das Festmahl fortzusetzen, bis fast nichts mehr übrig blieb.

Trotz der erfolgreichen Jagden, die Nähe zu den Zweibeinern hatte ihren Preis. Und dieser war mitunter enorm hoch. Viele von Menschen kreierte Gefahren waren für die Welpen auf den ersten Blick nicht erkennbar. Zum Beispiel die schnurgeraden, von Menschen platt gewalzten Wege. Als Halbmond zum ersten Mal auf so einen Menschenweg stiess, war sie irritiert. Wie konnte es sein, dass darauf keine Vegetation wuchs? Und was war dies für ein komischer Geruch? Letztendlich war Halbmond doch hoch erfreut über die Entdeckung. Denn auf diesen Menschenwegen liess es sich gut und schnell vorankommen, ohne viel Energie zu verlieren. Sogar bei starkem Schneefall lag auf den Strassen komischerweise kaum Schnee. Wie auch immer dies geschah, für Halbmond waren diese Menschenwege ein Wunder. Sie merkte anfänglich nicht, dass gerade auf solchen Pfaden eine tödliche Gefahr lauern konnte. Den Welpen wurde diese grosse Gefahr erst so richtig bewusst, als die ganze Familie eines Nachts eine Strasse entlanglief. Der schwache Wind brachte die Nachricht von schmackhaften Rehen in der Nähe. Chiara lief wie immer bei der Jagd vorne. Dann folgten Halbmond, Mina, Uno und die restlichen Welpen. Vater Lupo bildete das Schlusslicht. In flottem Tempo ging es vorwärts. Halbmond konnte es kaum erwarten, bis die Jagd losging. Bevor es zur ersehnten Jagd kam, erschien auf einmal in der Ferne ein grelles Licht. Es kam mit unnatürlich hoher Geschwindigkeit auf dem Menschenweg in ihre Richtung. Chiara blieb kurz stehen und gab einen Warnruf von sich. Danach sprang sie von der Strasse in den tiefen Schnee. Nur mit Mühe kam sie voran und musste immer wieder anstrengende Sprünge machen, um nicht gänzlich im Schnee zu versinken. Drei Welpen und Uno folgten ihrer Mutter. Lupo blieb absichtlich stehen und hoffte, dass auch die letzten drei, Halbmond, Mina und Big die hohe Hürde nahmen und von der Strasse wegsprangen. Vergeblich. Stattdessen gerieten sie in Panik, als das Licht immer greller wurde. Auf einmal kehrte Halbmond den Kopf und rannte auf der hindernisfreien Strasse von der nahenden Gefahr weg. Das Vertrauen auf ihre Geschwindigkeit schien der beste Weg aus der Misere zu sein. Die anderen zwei Welpen folgten ihrer Schwester. Lupo versuchte verzweifelt mit einem Bellwarnsignal die Welpen von der Strasse zu locken, doch es half nichts. Kurz entschlossen rannte er seinen Welpen hinterher, um eine Art Puffer zwischen seinen Welpen und der Blechkiste zu bilden. Mit horrender Geschwindigkeit schoss das blecherne Monster den flüchtenden Wölfen so nahe auf den Pelz, dass Lupo, der sich immer noch einige Meter hinter seinen Welpen befand, letztendlich keinen anderen Ausweg mehr sah, als von der Strasse über die hohe Schneewand zu springen. Hätte er dies nicht getan, so seine Furcht, wäre er vom Blechkarren überfahren worden. Das Monster mit den grellen Augen fuhr entschlossen weiter. Für die kommenden zwei Kilometer trieb es in hohem Tempo die um ihr Leben rennenden Jungwölfe vor sich her. Die Schneemauern links und rechts von der Strasse wurden immer höher. Auf einmal nahm die zuhinterst rennende Halbmond, all ihre Kraft zusammen und versuchte, über die Schneewand in Sicherheit zu fliehen. Dabei rutschte sie am oberen Rand aus und knallte zurück auf den Asphalt. Kurz bevor das Ungetüm sie erfassen konnte, sprang Halbmond nochmals hoch. Als sie in der Luft war, touchierte das schreckliche Ding sie an der hinteren Flanke. Halbmonds Körper wurde durch die Luft gewirbelt und landete im Schnee. Dort blieb die junge Wölfin benommen liegen, erinnerte sich aber daran, dass sie sich immer noch in Lebensgefahr befand. Im Schockzustand schaffte sie es, sich aufzurappeln und sie rannte so schnell sie konnte leicht humpelnd davon. Die Jungwölfin lief und lief, solange ihre Pfoten sie tragen konnten. Als sie nicht mehr konnte, legte sie sich unter eine grosse Tanne und fing an, ihre Wunden zu lecken. Ihr hinteres Bein schmerzte. Jedoch schien zum Glück nichts gebrochen zu sein. Als sie dies realisiert hatte, schaute sie sich um. Sie wusste nicht, wo sie war oder wie weit sie gerannt war. So fing sie an, in die Nacht hinauszuheulen. Doch keine Antwort kam. Als Halbmond anfing, sich Sorgen zu machen, wie es um ihre Familie stand und wie sie zurückfinden konnte, stand urplötzlich ihr Vater Lupo vor ihr. Für Halbmond war der Moment so surreal, dass sie glaubte zu träumen. Tat sie aber nicht. Lupo hatte seine Tochter nicht im Stich gelassen. Kurz nachdem er über den Strassenrand im hohen Schnee gesprungen war, kehrte er auf den Menschenweg zurück und rannte der Blechkarre nach. Aus der Ferne sah er, wie Halbmond vom Menschending erfasst und durch die Luft gewirbelt wurde. Zutiefst besorgt, aber auch ein wenig erleichtert, sah Lupo kurz darauf, wie Halbmond leicht humpelnd weiterlief. Es dauerte ein wenig, bis Lupo seine Tochter gefunden hatte. Ihr Geheul und seine gute Nase hatten ihm geholfen, sie zu orten. Einmal vereint, führte er seine stark eingeschüchterte Tochter zum Rest der Familie zurück. Halbmond war überglücklich zu sehen, dass alle diesen schrecklichen Vorfall mit den Zweibeinern überlebt hatten.

Auf Wanderschaft

Abschied

Rund vier Wochen nach dem angsteinflössenden Ereignis mit der Blechkarre bemerkte Halbmond, wie ihre Mutter von Tag zu Tag schwächer wurde. Sie litt an Appetitlosigkeit, bewegte sich schlecht und hatte zudem einen angeschwollenen Bauch, als ob sie schwanger wäre. Was Halbmond nicht wusste, war, dass sich an Chiaras Ellbogen ein bösartiger Tumor gebildet hatte. Wenige Wochen bevor der Höhepunkt der Paarungszeit bevorstand, ging es mit der Gesundheit von Halbmonds Mutter steil bergab. Sie alle hatten sich unter einer grossen Rottanne niedergelegt, um zu schlafen, als der Tumor auf Chiaras Ellbogen aufbrach. Blut trat heraus. Schlimmer noch. Durch das Aufplatzen des Tumors trat das Blut nicht nur nach aussen, sondern es drang auch nach innen in den Körper ein. Halbmonds Mutter war am Verbluten und nicht mal ihr Vater Lupo, der tief besorgt herangeeilt kam, konnte etwas dagegen tun. Alles ging sehr schnell und innert Minuten lag Chiara leblos am Boden.
Die ganze Familie stand schockiert um ihre Mutter und konnte nicht glauben, was passiert war. Lupo versuchte seine Partnerin mit seiner Pfote zum Aufheben zu animieren, während Big ihre aufgeplatzte Wunde leckte. Nichts half. Als alle realisierten, dass Chiara nie mehr aufstehen würde, sammelten sie sich rund um ihren leblosen Körper und fingen an zu heulen. Das Todesgeheul drang durch den Wald und stieg hinauf zu den stark leuchtenden Sternen. Der Tod von Chiara stellte die ganze Wolfsfamilie vor eine riesige Herausforderung. Ohne ihre Mutter fehlte den Jungwölfen die Hauptleitfigur ihres bisherigen Lebens. Dem Wolfsvater fehlte seine langjährige Partnerin. Und um alles noch schlimmer zu machen, stand die Paarungszeit bald vor der Tür. Wollte Lupo die Familie weiterführen, so brauchte er eine neue Partnerin. Sich mit einer seiner Töchter zu paaren, war etwas, das ihm gar nicht behagte. So blieb ihm nur eines übrig: Er musste kurzzeitig das angestammte Revier verlassen und auf Wanderschaft gehen in der Hoffnung, eine neue Partnerin zu finden. Sollte ihm dies gelingen, bestand für ihn eine Chance, das angestammte Familiengebiet zu behaupten und die Familie weiterzuführen.
Als Lupo sich schweren Herzens auf seine Reise machen wollte, wollten

ihn all seine Töchter und Söhne begleiten. Mit harscher Mimik und glänzenden Zähnen zeigte Lupo, dass er sich allein auf die Reise machen musste. So blieben die Jungwölfe niedergeschlagen in ihrem angestammten Gebiet zurück. Sie alle hatten innert kürzester Zeit beide Eltern, die Anker in ihrem Leben, verloren. Somit war die Zeit gekommen, dass jeder Wolf für sich entscheiden musste, was zu tun war. Abwandern oder bleiben, das war die Frage. Der Älteste unter ihnen, Uno, war der Erste, der sich entschied. Er zog nur wenige Tage nach dem Abgang von Lupo ebenfalls los. Big entschied sich zusammen mit drei weiteren Geschwistern, im angestammten Gebiet zu verweilen in der Hoffnung, dass sein Vater bald mit einer neuen Gefährtin zurückkehren würde. Was Halbmond und Mina anbelangte, so entschieden sich die zwei Schwestern zusammen abzuwandern, um ihr eigenes Glück im Unglück zu suchen.

Es war mitten im Winter, als die zwei Schwestern sich aufmachten, ihr elterliches Gebiet für immer zu verlassen. Sie überquerten hintereinander zwei hohe, mit viel Schnee bedeckte Pässe und drangen in ein fremdes Tal vor. Dabei benutzten sie weiterhin, wenn auch mit grossem Unbehagen, in der Nacht die Menschenwege. Auch stellten sie Reh und Hirsch - wie von ihren Eltern gezeigt – in der Tiefe der Nacht vor den Toren der menschlichen Siedlungen nach. Halbmond und Mina gelang es, in einer mondlosen Nacht ihr erstes Reh zu erbeuten. Die zwei Schwestern waren besonders stolz auf sich. Die Jagd hatte gezeigt, dass sie überleben konnten. Die Zweibeiner stellten für die Wolfsschwestern in der dunklen Nacht keine grosse Bedrohung dar, weil die meisten am Schlafen waren. Das Einzige, das vor allem Halbmond Sorgen machte, war, dass sie seit Tagen regelmässig auf fremde Wolfsspuren stiessen. Und gerade diese fremden Wölfe tauchten just in dem Augenblick auf, als Halbmond und Mina sich daran machten ihr hart verdientes Rehfleisch zu verzehren. Im Sternenlicht marschierte die fremde Wolfsfamilie vom nahen Wald her aufs Feld. Es waren deren zehn und sie waren nicht in allzu guter Stimmung. Das verrieten die hoch ausgestreckten Ruten. Mit ihnen war nicht zu spassen! Zwei der erwachsenen Wölfe wechselten von ihrem leichten Trab in einen schnellen Galopp. Bald rannte die ganze Wolfsfamilie in vollem Tempo in Richtung der beiden Schwestern. Halbmond war die Erste, die mit eingezogenem Schwanz zurückwich. Mina jedoch wartete weiter ab und versuchte, einige weitere Happen des Rehfleischs zu sich zu nehmen. Als Halbmond mehrere Hundert Meter vom Rehkadaver entfernt war, bemerkte sie, dass Mina immer noch am Fressen war. Halbmond gab ein unmissverständliches «Wuff» von sich, um ihre Schwester aufzufordern, endlich loszurennen. Dann erst erkannte Mina den Ernst der Lage und rannte eiligst ihrer Schwester hinterher. Die fremden Wölfe waren ihr jedoch bereits dicht auf den Fersen. Unter ihnen war eine zierliche Wölfin, die ungemein schnell auf den Beinen war. Sogar schneller als Mina. Mit Entsetzen musste Halbmond mit anschauen, wie es der Wölfin gelang, ihre Schwester einzuholen und abzudrängen. Mina änderte ihre Richtung und lief nun von Halbmond weg. Halbmond wollte verzweifelt zu ihrer Schwester laufen, musste jedoch bald darauf ihre Pläne wieder ändern, weil sieben Wölfe in ihre Richtung stürmten und ihr den Weg abschnitten. Mit sieben Wölfen auf den Fersen rannte Halbmond so schnell sie konnte zum nah gelegenen Fluss. Dort stürzte sie sich, ohne zu zögern, in die eisigen Fluten. Als die Verfolger das Ufer erreichten, brachen sie die Verfolgungsjagd ab. Mit erhobenen Ruten blieben sie am Ufer stehen und schauten der flüchtenden Wölfin nach.

Halbmond lief die ganze Nacht hindurch, bis sie das Tal hinter sich gelassen hatte. Dabei überquerte sie einen weiteren Pass und drang in ein Paralleltal ein. Auch hier hatte es Spuren von fremden Wölfen. Dies ermunterte Halbmond so schnell sie konnte weiterzulaufen. Nur weg von hier, so weit die Pfoten sie tragen, war ihre Devise.

Fremdes Land

Sechs Monate waren seit dem schrecklichen Verlust ihrer Mutter vergangen, als Halbmond, nun 13 Monate alt, auf ihrer Reise in ein Tal vordrang, an dessen Ende ein pyramidenförmiger Berg die Landschaft dominierte. Ihre Schwester Mina hatte sie seit dem Zusammenstoss mit den fremden Wölfen nie mehr gesehen. Das Letzte, was Halbmond von ihr sah, war, wie sie über einen Hügel verschwand. Es schien, als ob Mina ihre Verfolger hätte abschütteln können. Da sie aber selbst vor den herannahenden Wölfen über den Fluss flüchten musste, verlor sie ihre Schwester aus den Augen. Für immer. Immer wieder musste Halbmond mit schwerem Herz an ihre Schwester und an ihre ganze Familie denken. Sie fühlte sich einsam und unsicher. Und Hunger hatte sie auch! Da kamen ihr die vielen wolligen Pflanzenfresser, die in grosser Anzahl und überall in den Alpen zu leben schienen, gerade recht. Ab und zu schnappte sie sich solch ein Tier, um auf ihrer Reise über die Runden zu kommen. Schafsfleisch schmeckte zwar nicht so gut wie Hirsch-, Gämse- oder Rehfleisch. Doch es füllte den Magen. Das war die Hauptsache.

Vom pyramidenförmigen Berg, der von den Menschen Matterhorn genannt wurde, wanderte Halbmond nach Norden, bis sie an den Ufern eines grossen Gebirgsflusses ankam. Dort bog sie rechts ab und folgte dem Fluss in nordöstlicher Richtung bis zu seinem Ursprung. Danach überquerte sie innert wenigen Tagen zwei grosse Alpenpässe und gelangte ins Ursprungsgebiet des mächtigsten Flusses der Gegend, des Rheins. Dank der guten Lebensschule, die Halbmond bei ihren Eltern und ihrem grossen Bruder genossen hatte, hatte sie es geschafft, sich bis hierhin durchzuschlagen.

Halbmond fing an, wieder Vertrauen in sich und das Leben zu gewinnen. Als Ausdruck ihrer wieder gefundenen Lebensfreude rannte sie oft spielerisch ihrem eigenen Schwanz im Kreis hinterher oder jagte übermütig Raben nach, wenn sich diese auf eines ihrer geschlagenen Beutetiere stürzten. Es schien ihr, sie könne die ganze Welt erobern. Mit diesem Elan im Herzen setzte sie ihre Reise dem nördlichen Arm des alpinen Rheins, dem Vorderrhein, entlang fort.

Die Kirschbäume blühten bereits, als Halbmond in ein hohes Tal eindrang, wo einige Schneefelder der starken Frühlingssonne trotzten und wie eine Perlenkette aneinandergereiht waren. Ihr ganzer Körper juckte. Das Jucken entstand nicht nur wegen der frohen Lebensgeister, die sie in sich fühlte, sondern auch weil ihr Winterfell sich langsam, aber sicher an-

fing, vom Körper zu lösen. Als selbst verschriebene Kur verordnete Halbmond sich kurzerhand ein paar Schneebäder. Sie steuerte das erste grosse Schneefeld an, fiel mit ihrer linken Schulter auf die weisse Masse, während ihr Hinterteil noch gegen den Himmel ragte. Mit den Hinterbeinen schob sie sich nun mehrere Meter voran. Die ganze Aktion mochte nicht elegant aussehen, doch sie linderte das Jucken und fühlte sich erfrischend an. Mehr noch. Es fing an, Spass zu machen. Halbmond fiel auf ihren Bauch und begann den schneebedeckten Hang hinunterzugleiten. Als sie bei der Rutschpartie an Geschwindigkeit gewann, drehte sie sich auf ihren Rücken. Mit ausgestreckten Gliedern sauste sie den Hang hinunter bis zur unteren Schneekante. Dort purzelte sie vom Schnee in die bräunliche Wiese. Danach stand sie auf, schüttelte sich kurz und rannte zum nächsten Schneefeld. Wieder stürzte sie sich auf ihren Rücken und glitt den Hang hinunter. Insgesamt vier Mal wiederholte sie das Spiel. Und jedes Mal stand sie auf und lief freudig zum nächsten Schneefeld, bis sie beim letzten grossen Schneefeld ankam. Als sie auf den Rücken den Hang hinunterrutschte, drehte sich ihr Körper unkontrolliert im Kreis. Das Schneefeld war lang, die Neigung steil. Von der Geschwindigkeit überrascht, versuchte Halbmond ihre Gleitpartie irgendwie aufzuhalten. Vergeblich. Als sie am unteren Feldrand ankam, hatte sie so ein horrendes Tempo, dass sie viele Meter über das Schneefeld hinaus kopfvoran ins Feld geschleudert wurde. Nach mehreren Purzelbäumen blieb sie benommen liegen. Für eine Weile machte sie keinen Mucks – als wäre sie tot. Doch das war sie nicht. Nach zwei Minuten am Boden liegend, raffelte sich Halbmond wieder auf, schüttelte sich wie wild und marschierte weiter, als ob nichts geschehen wäre.

Der «Felsen-Springwolf»

Halbmond wanderte weiter dem Vorderrhein entlang. Dabei durchquerte sie eine gigantische Schlucht, die mitunter von bis zu 350 Metern hohen Felstürmen flankiert wurde. Als Halbmond die Ruinaulta, wie die Rheinschlucht von den Zweibeinern genannt wurde, hinter sich gelassen hatte, gelangte sie an die Stelle, wo der Vorderrhein auf den fast gleich grossen Hinterrhein traf. Nicht weit vom Zusammenfluss entfernt stiess die wandernde Wölfin auf einen imposanten Berg, der in Wirklichkeit aus vier Hauptgipfeln bestand. Die Gegend rund um den Vier-Gipfel-Berg, den die Menschen Calanda nannten, gefiel Halbmond so gut, dass sie sich entschloss, das Gebiet detaillierter auszukundschaften. Was Halbmond sofort ins Auge stach, war, dass an verschiedenen Stellen des titanisch grossen Berges Felsstürze stattgefunden hatten, die bis in die Talsohle vorgedrungen waren. Hier und da lösten sich immer noch grössere Steinbrocken und stürzten Richtung Tal. Am offensichtlichsten war dies direkt unterhalb einer benachbarten Bergkuppe, die wie die überdimensionierte Hand eines Zweibeiners aussah. Keine Frage, das Gebiet war ein anspruchsvoller Lebensraum. Trotzdem überwogen für Halbmond die positiven Eindrücke. Vor allem die Seite des Berges, die der Mittagssonne zugeneigt war, besass eine Vielfalt an Höhen- und Vegetationsstufen. Dies bedeutete, dass es zu jeder Jahreszeit potenzielle Beutetiere hatte. Im Frühling und im Sommer gab es in hohen Lagen junge Hirsche, Gämsen, Steinböcke und Murmeltiere. Im Winter wiederum würde sich die Talsohle mit Hirschen und Rehen füllen und ein gutes Jagdrevier bieten. Zudem sah Halbmond mit Genugtuung überall ausgedehnte Wälder und tiefe Schluchten. Es gab somit genügend stille Rückzugsmöglichkeiten für sie. Zuallerletzt fiel Halbmond auf, dass die Zweibeiner sich vor allem auf der Mittagsseite des Berges niedergelassen hatten. Dort verbanden unzählige Strassen und Menschenwege die vielen Siedlungen. Auf der Mitternachtsseite des Berges war es jedoch um ein Vielfaches ruhiger. Trotz aller Aktivitäten der Zweibeiner im Gebiet gefiel Halbmond, was sie sah. Die letzten Zweifel verflogen, als Halbmond eine Felsformation entdeckte, die sie innehalten liess. Inmitten eines steilen Berghanges, der mit niedrig wachsenden Legföhren bedeckt war, erblickte sie eine kahle Felswand, die der Form eines springenden Wolfes glich. Am Fusse des «Felsen-Springwolfs» gab es ein kleines Waldstück, das gespickt war mit riesigen Rottannen, die inmitten des Legeföhrenwaldes, ähnlich einer Insel im Meer, gegen den Himmel ragten. Dies war der perfekte Ort, um irgendwann mal Welpen grosszuziehen, sollte sie das Glück haben, ein Männchen zu finden. Besser hätte es nicht sein können. Da stand Halbmond nun und blickte über ihr zukünftiges Reich. Weit und breit gab es keine Wolfsfamilie, die ihr dieses Gebiet hätte streitig machen können. Das Einzige, was ihr noch fehlte, war ein Lebenspartner, mit dem sie ihre eigene Familie gründen konnte. Was Halbmond zu diesem Zeitpunkt nicht wusste, war, dass ihr seit Wochen ein stattlicher Wolfsrüde auf der Spur war. Gefunden hatte der Rüde die Spur von Halbmond nahe dem Matterhorn. Von da an folgte das Männchen der Spur der Wölfin unablässig. Kein Berg war zu hoch, kein Tal zu tief, kein Fluss zu breit, um ihn aufzuhalten. Schliesslich erreichte der Rüde nach mehrwöchiger Wanderung die Region des felsigen «Springwolfs».

Luf

An einem zauberhaften Herbsttag lag Halbmond unter einer goldenen Lärche, als sie auf einmal das laute Gekrächze eines Eichelhähers aus dem Schlaf riss. Kurz danach sah Halbmond zu ihrem Erstaunen einen ausgewachsenen Wolf aus dem Wald in ihre Richtung kommen. Es war Luf, der fremde Wolf, der Halbmonds Spur seit Wochen gefolgt war. Dieser hatte sie noch nicht gesehen. Als Halbmond in die Höhe schoss, bemerkte der Fremde sie sofort. Er blieb stehen und starrte sie an. Dabei machte der Wolf keinen Mucks. Einzig seine Rute bewegte er langsam hin und her. Dies war ein gutes Zeichen, das Halbmond nicht entging. Der Fremde wollte ihr nichts antun. Ansonsten hätte er dies bereits versucht. Stattdessen stand er einfach nur da und wedelte freundlich seine Rute hin und her. Halbmond beruhigte sich ein wenig und machte ein paar Schritte auf den Rüden zu. Luf blieb weiterhin wie versteinert stehen und liess die Wölfin ganz nah an sich heran. Halbmond gefiel, was sie sah und roch. Als Halbmond keine Nasenlänge von Luf entfernt war, sprang sie ihn spielerisch an und wollte ihn aus der Balance bringen. Doch der Rüde blieb wie ein Fels stehen und musste keinen einzigen Schritt zur Seite machen. Er war stark wie ein Ochse. War er auch schnell? Halbmond drückte ihre rechte Pfote dem Wolfsmännchen ins Gesicht und sprang daraufhin davon. Der Rüde liess sich nicht zweimal bitten und rannte ihr in vollem Sprint nach. Halbmond musste alles geben, um nicht eingeholt zu werden. Schnell war er auch. Auch das gefiel Halbmond. Dann blieb sie abrupt stehen und der Rüde schloss mit strahlendem Gesicht und wild wedelndem Schwanz zu ihr auf. Da bemerkte das Männchen einen abgebrochenen Ast ein paar Meter neben den Füssen von Halbmond. Er ging zum Ast hin, nahm diesen in den Mund und legte ihn als Geschenk direkt vor Halbmonds Pfoten. Manieren hatte er auch. Halbmond war entzückt. Erfüllt von Glückshormonen entschied sie sich in diesem Augenblick, dem Fremden eine Chance zu geben. In den darauffolgenden Tagen zeigte Halbmond ihrem Auserwählten das Gebiet rund um den «Felsen-Springwolf». Luf seinerseits war erpicht, Halbmond zu beweisen, dass sie eine gute Wahl getroffen hatte.

Aufbau einer Dynastie

Muttersein

Als der Winter ins «Springwolf»-Revier zog, spürte das frischgebackene Wolfspaar, wie ihre Hormone sie noch näher zusammenwachsen liessen. Und je näher die Paarungszeit kam, desto öfter stolzierte Halbmond mit zur Seite gelegter Rute ihrem Luf direkt vor der Nase herum. Dies betörte den Wolfsrüden so sehr, dass er nicht wenige Male ins Stolpern kam. Wie in Trance folgte er seiner Partnerin auf Schritt und Tritt. Markierte Halbmond einen Baum, so blieb Luf jedes Mal stehen und beschnupperte die Markierstelle mit grösstem Interesse. Danach markierte er die genau gleiche Stelle, bevor er seiner Auserwählten weiter folgte. Anfang März entdeckte Luf Blutflecken im Urin von Halbmond. Nun wusste er, dass die Paarung nicht mehr weit weg war. Ein paar Tage später, als Luf gerade wieder einmal eine von Halbmond markierte Stelle beschnupperte, schaute seine Partnerin ihn von der Seite an und stellte sich danach provokativ mit zur Seite gerichtetem Schwanz direkt vor ihn. Luf wusste, was er zu tun hatte. Die beiden paarten sich in den kommenden Tagen mehrmals, bis Halbmond sich sicher war, dass sie auf dem besten Weg war, erstmals Mutter zu werden. Halbmond war nun an dem Punkt in ihrem Leben angelangt, nach dem sie sich zutiefst gesehnt hatte. Sie hatte das ideale Wolfsrevier und einen starken Partner gefunden. Der Grundstein für ihre eigene Familie, ihre eigene Dynastie, war gelegt.

Genau neun Wochen nach der Paarung brachte Halbmond ihre ersten Welpen in einer alten, ausgebauten Fuchshöhle zur Welt. Es waren insgesamt sechs, genau wie bei ihrer eigenen Geburt.
Das Muttersein fiel Halbmond leicht. Sie hatte unendlich viel Geduld mit den Welpen und liebte es, mit ihnen ausgedehnt zu spielen. Wurde Halbmond das verspielte Treiben der Welpen doch zu bunt, stand sie einfach auf und entfernte sich weit genug, um ein wenig Ruhe zu haben. War Luf in der Nähe, dann liess er es sich nie nehmen, seiner Partnerin die nötige Ruhe zu verschaffen, und spielte selbst mit den Kleinen. Doch es war meistens Halbmond, die sich liebevoll um die Neugeborenen kümmerte, während Luf in den Anfangswochen nach der Geburt der Welpen derjenige war, der

sich um die Jagd kümmerte. Als die Welpen nach ungefähr acht Wochen vollständig entwöhnt waren und nur noch Fleisch assen, fing auch Halbmond an, in der Umgebung nach Essbarem zu suchen. Und je älter die Welpen wurden, desto öfter liessen Halbmond und Luf sie allein zurück, um auf die Jagd zu gehen. Halbmond liess jedoch keine Gelegenheit aus, den Welpen ein Spielzeug, das sie auf der Jagd oder im nahen Wald gefunden hatte, mitzubringen. Einmal war es ein Stück Hirschgeweih, einmal ein abgebrochener Tannenast oder die liegengelassene Bierdose eines Zweibeiners. Die Welpen waren nie wählerisch. Sie nahmen die Geschenke jeweils dankbar an und spielten damit, als ob es keinen Morgen gäbe.

Als das erste Halbjahr für Halbmond und Luf als frischgebackene Wolfseltern zu Ende ging, hatten sie es geschafft, alle ausser einen Welpen über die Runden zu bringen. Der eine, der es nicht geschafft hatte, war von Geburt an klein und schwach. Er hatte schon früh Mühe, mit den anderen Schritt zu halten und blieb oft allein zurück. Doch Halbmond gab den kleinen Welpen nicht auf. Als der Winter kam, machte sie sich immer wieder die Mühe, über viele Kilometer Nahrung zu ihm zu bringen. Als Halbmond eines Tages mit einem Rehbein im Maul zum Versteck des Kleinen kam, musste sie feststellen, dass er steif gefroren war. Sie liess das Rehbein aus dem Mund fallen, beschnupperte ihren Sohn intensiv und fing an, ihn zu abzulecken. Als sie realisierte, dass ihr Sohn von dieser Welt gegangen war, legte sie sich neben ihn in den Schnee. Obwohl sie es kommen sah, fiel es ihr nicht leicht, den Tod ihres Sohnes einfach so hinzunehmen. Sie blieb einen ganzen Tag bei ihrem toten Sohn, bis Luf und der Rest der Familie auftauchten. Sie alle gesellten sich für den kommenden Tag zu ihrer Mutter und dem verstorbenen Jungwolf.

Der Tod ihres Sohnes war nicht der einzige Verlust, den Halbmond während des Winters erdulden musste. Halbmonds Welpen fingen an, selbstständiger zu werden. Immer wieder verliessen sie ihre Familie, um auf eigenen Pfoten oder in kleinen Gruppen das elterliche Territorium zu erkunden. Ihre Ausflüge wurden immer länger, bis eines Tages einer nach dem anderen die Familie verliess. Letztendlich war nur noch ein einziger Jungrüde übrig. Halbmond und Luf waren weder überrascht noch böse, dass sie von ihren Jungen verlassen wurden. Sie verstanden, dass diese in die weite Welt hinausziehen wollten, um ihre eigene Familie zu gründen oder Anschluss an einen anderen Wolfsclan zu finden. So wollte es die wölfische Natur.

Der zurückgebliebene Sohn half Halbmond und Luf in der kommenden Welpensaison tatkräftig mit, um die neugeborenen Welpen – es waren deren acht – aufzuziehen. Auch mit Hilfe von ihrem Sohn kamen Halbmond und Luf oft an ihre Grenzen bei der Beschaffung von genügend Nahrung für acht hungrige Welpen. Da tauchte inmitten des Sommers ein verloren gedachter Sohn auf. Trotz – oder vielleicht genau wegen seines Hinkebeins, das er sich während seiner Wanderschaft zugezogen hatte – war er der geborene Babysitter. Halbmond, Luf und ihr gesunder Sohn konnten nun ausgiebig jagen, im Wissen, dass die Welpen bei Hinkebein in guten Pfoten waren. Hinkebein hatte seinen hellen Spass mit der Jungmannschaft, auch wenn die acht Welpen ihn des Öfteren laut aufjaulen liessen, wenn sie in seinen Schwanz bissen oder seinen Rücken zum Spielplatz auserkoren. Seine Geduld mit den Welpen schien grenzenlos zu sein und er blieb so lange bei seiner Familie, bis sein Bein komplett verheilt war. Als er bemerkte, dass seine Eltern und sein gleichaltriger Bruder gut ohne ihn auskommen würden, machte er sich wieder auf den Weg in die Fremde. Halbmond und Luf sahen ihn nie wieder. Ihr letzter verbliebener Sohn aus dem ersten Wurf tat es Hinkebein gleich, als der erste Schnee fiel. Und so marschierten Halbmond und Luf zusammen mit ihren acht Welpen durch ihr angestammtes Gebiet, als das Jahr zu Ende ging.

Des Wolfes grösster Feind

Die jeweiligen Jahresabläufe der Familie hatten sich gut eingespielt und liefen fortan nach einem ähnlichen Muster ab. Halbmond und Luf paarten sich jeweils Anfang März. Um die 63 Tage später brachte Halbmond ihre Welpen zur Welt. Ausser beim allerersten Wurf halfen immer ein oder zwei Welpen aus dem Vorjahreswurf bei der Aufzucht der Neugeborenen mit. Alle anderen Welpen verliessen ihre Eltern noch vor ihrem ersten Geburtstag, um ihr eigenes Glück in der Ferne zu suchen. Die Babysitter verschwanden ihrerseits dann im Verlaufe ihres zweiten Lebensjahres. Und so war es, dass Halbmonds Familie, ähnlich dem Rhythmus von Ebbe und Flut an den Meeresküsten dieser Welt, sich wiederkehrend vergrösserte und verkleinerte. Dieses ständige Auf und Ab war wichtig, um das Nahrungsangebot in Halbmonds Gebiet nicht mit zu vielen hungrigen Mäulern überzustrapazieren. Und es funktionierte vorzüglich.

Als die dritte Paarungszeit von Halbmond und Luf in grossen Schritten näherkam, war die Familie zu zehnt unterwegs. Es ging der Familie gut. Ein wichtiger Grund, warum es Halbmond und ihrer Familie so gut ging, war, dass es weit und breit keine konkurrenzierende Wolfsfamilie gab. Die nächste Wolfsfamilie, die nur annähernd in der Nähe lebte, hatte ihr Gebiet ganze 80 Kilometer südwestlich von ihnen. Zu weit weg, um sich gefährlich in die Quere zu kommen, wenn es um die Nutzung der Nahrungsressourcen ging. Die einzige wirkliche Gefahrenquelle, die wie ein Damoklesschwert ständig über sie alle hing, waren die Zweibeiner.

Halbmond hatte schon früh in ihrer Kindheit gelernt, den Menschen nicht über den Weg zu trauen. So versuchte sie, den Zweibeinern so gut es ging auszuweichen. Doch ganz aus dem Weg konnte sie den Menschen nicht gehen. Dies war unmöglich. Sie waren überall. Ob zuoberst auf einem Gipfel oder unten im Tal, auf dem Fluss oder in der Luft, und dies zu jeder Jahreszeit. Nicht alle Zweibeiner waren böse. Dies bemerkte Halbmond, als sie erkannte, dass einige Zweibeiner die helle Freude zu haben schienen, wenn sie Auge in Auge mit ihnen waren. Nichtsdestotrotz, Halbmond blieb ihrer Devise treu und versuchte die Menschen so gut es ging zu meiden. Sie waren einfach zu unberechenbar. Zu Recht, wie es sich bald in aller Deutlichkeit zeigen sollte.

Mitte Winter verschob sich die zehnköpfige Halbmond-Wolfsfamilie in Richtung eines grossen Waldes nahe der Rheinschlucht. An dessen östlichen Ende befand sich mitten im Wald ein lieblicher See und nicht weit davon entfernt lag eine Menschensiedlung. Im Gebiet tummelten sich zu dieser Jahreszeit viele Hirsche und Rehe. Dies wusste Halbmond und sie führte ihre Familie auf der Jagd in das besagte Territorium. Es ging nicht lang und die Wölfe hatten ein Reh gestellt und zu Fall gebracht. Da sie zu zehnt waren, war das Reh bald verspeist, aber nicht alle Familienmitglieder hatten bis zur Sättigung essen können. Es war Zeit, die Familie aufzusplitten. Die Welpen waren unterdessen gross und abenteuerlich genug, um allein oder in kleinen Gruppen die Gegend zu durchforsten. Und so kam es, dass eines Nachts die Halbmond-Wolfsfamilie in zwei Gruppen unterwegs war. Fünf Jungwölfe wollten ohne ihre Eltern eine Stelle auskundschaften, an der es im Winter regelmässig eine enorme Konzentration von Hirschen gab. Diese unnatürlich hohe Ansammlung von Hirschen gab es, weil die Zweibeiner im Winter Heu für die Paarhufer auslegten und dies Hirsche von nah und fern anlockte. Halbmond und Luf waren ihrerseits mit drei Welpen nahe dem Waldsee unterwegs. Dort erbeuteten sie ein weiteres Reh, als dieses sich in der Nacht am Rande der Siedlung aufhielt. Halbmond, Luf und die drei Welpen teilten sich die leckere Beute und zogen sich mit fettem Bauch zu einem Verdauungsschlaf zurück in den Wald. Als Halbmond zufrieden im Schnee unter einer Tanne lag, nahm es sie wunder, ob ihre Jungmannschaft, angeführt von Two Eyes (Zweiauge), dem Erstgeborenen des zweiten Wurfes, auch eine erfolgreiche Jagd hatte. Halbmond hatte grosse Hoffnungen in Two Eyes. Er war bereits jetzt, mit seinen knapp acht Monaten, nicht nur gross und stattlich, sondern auch ein exzellenter und unerschrockener Jäger. Wie der Vater, so der Sohn. Ab und zu brachte das ungestüme Wesen von Two Eyes ihn in Schwierigkeiten. So hatte er sich, als er keine drei Monate alt war, bei einer wilden Eichhörnchenjagd fast das Auge ausgestochen, als er in einen Ast rannte. Zum Glück verheilte sein Auge wieder. Zurück blieb jedoch ein Auge, das etwas dunkler gefärbt war als das andere. Halbmond konnte sich gut vorstellen, dass Two Eyes eines Tages seine eigene Familie anführen würde und dies in der gleichen ausgezeichneten Art und Weise, wie es sein Vater Luf tat. Je länger Halbmond über ihren Sohn nachdachte, desto stärker übermannte sie ein mulmiges Gefühl. Sie wusste nicht warum, doch sie spürte, dass etwas mit der Gruppe von Two Eyes nicht in Ordnung war. Just in diesem Moment hörte sie in der Ferne einen dumpfen Knall. Sofort sprang Halbmond hoch und lauschte aufmerksam in die dunkle Nacht hinaus. Luf bemerkte dies, stand auf und begab sich zu seiner Partnerin. Dann schaute Halbmond Luf an und trottete davon. Luf wusste nicht genau, was sie vorhatte, doch forderte er mit einem entschlossenen «Wuff» den Rest der Familie auf, aufzustehen und mitzukommen. In Reih und Glied folgten alle Halbmond durch den dichten Wald, überquerten die grosse Lichtung und umrundeten eine menschliche Siedlung. Danach marschierten sie eine leicht mit Schnee bedeckte Forststrasse hinauf, bis diese eine fast 180-Grad-Kehre machte. Dort liefen die Wölfe von der Strasse rechts weg und Halbmond sowie Luf markierten hintereinander an der gleichen Stelle einen grossen Stein, der direkt neben der Strasse lag. Danach ging es in flottem Tempo weiter in Richtung eines tiefen Tobels. Luf liess sich, wie so oft, an den Schluss der Gruppe fallen. Rechts und links von der Wolfsfamilie ragten bewaldete Hügel gegen den Nachthimmel und wurden leicht vom zunehmenden Mond angeleuchtet. Bevor die Wolfsfamilie beim Tobel ankam, stiess sie, zur Erleichterung von Halbmond, auf die Gruppe von Two Eyes und begrüssten sich, als ob sie sich seit Ewigkeiten nicht mehr gesehen hätten. Die stürmische Art und Weise, wie sie von der Gruppe von Two Eyes begrüsst wurden, überraschte Halbmond. Trotz des freudigen Wiedersehens wurde sie ein wenig misstrauisch. Irgendetwas stimmte nicht. Auch Luf hatte etwas bemerkt und machte ein paar Schritte zur Seite. Halbmond ging zu Luf, und als die beiden auf ihre Welpen schauten, realisierten sie fast gleichzeitig, dass Two Eyes fehlte. Halbmond erinnerte sich an ihr ungutes Gefühl und an den dumpfen Knall, den sie aus der Ferne gehört hatte. Sie ahnte Schlimmes. Mit der Nase im Schnee folgte sie der Spur der Gruppe von Two Eyes. Clara, das sehr helle Weibchen, das mit Two Eyes unterwegs war, realisierte, was ihre Eltern wollten. Da sie wusste, was geschehen war, stürmte sie vor die Nase ihrer Eltern und forderte sie auf, ihr zu folgen. Zusammen überquerte die Wolfsfamilie eine Lichtung, bis sie auf einen Pfad traf, der in den nahen Wald führte. An dieser Stelle stiessen sie auf Two Eyes, der zwischen einem Haufen am Boden liegender Ästen neben dem Pfad lag. Two Eyes krümmte sich vor Schmerz, als er beim Anblick seiner Familie versuchte, mit dem Schwanz zu wedeln. Alle kamen sie zu ihm, beschnüffelten und beleckten ihn. Die überschwängliche Begrüssung seiner Familie linderte kurzzeitig den immensen Schmerz, den die Kugel, die ein Zweibeiner Two Eyes verpasst hatte, ihm verursachte. Als Halbmond ihren Sohn beschnüffelte, erkannte sie, dass das Geschoss von hinten rechts beim Schulterblatt in ihren Sohn eingedrungen war. Zwei Splitter der Kugel waren aus dem Körper ausgetreten und richteten weiteren Schaden an, da sie erneut im Körper von Two Eyes eingedrungen waren. Ein Teil des Geschosses hatte den Unterkiefer von Two Eyes zertrümmert, während der zweite Teil beim Kopf eingedrungen war und dort grossen Schaden angerichtet hatte. Two Eyes schaute mit schmerzverzerrtem Gesicht zu seinen Eltern, die beide direkt vor ihm standen und tiefbesorgt auf ihn runterschauten. Halbmond versuchte, ihrem Sohn Trost zu spenden, indem sie ihm das Gesicht leckte. Luf machte das gleiche und es war in diesem Augenblick, als Two Eyes für immer seine Augen schloss.

Halbmond, Luf und der Rest der Familie waren untröstlich und blieben bis zum Morgengrauen bei Two Eyes. Sie wären länger geblieben, wäre nicht ein Mann mit einem Hund an der Leine aufgetaucht. Schweren Herzens machte sich Halbmonds Familie auf und versteckte sich auf einem nahen, dicht bewaldeten Hügel. Als der Mann, der einen weissgrauen Bart trug, in die Nähe von Two Eyes kam, bemerkte er die vielen Wolfsspuren. Halbmond und Luf beobachteten daraufhin, wie der ältere Mann die Gegend durchforschte, bis er letztendlich dank der Hilfe seines Hundes auf Two Eyes stiess. Es schien Halbmond, dass der Anblick vom toten Two Eyes diesen Zweibeiner traurig machte. Kurze Zeit später nahm der Mann etwas aus der Tasche und redete in ein flaches, rechteckiges Ding, das er in der Hand hielt. Es verging ungefähr eine halbe Stunde, bis ein weiterer Zweibeiner, ein sichtlich jüngerer Mann, auftauchte. Die Welpen hatten sich unterdessen tiefer in den Wald zurückgezogen. Halbmond und Luf blieben und beobachteten das weitere Treiben der Zweibeiner. Dabei sahen sie, wie der jüngere Mann den leblosen Körper von Two Eyes kurz anschaute. Dann, und zum Entsetzen von Halbmond und Luf, packte dieser Two Eyes in einem Sack und transportierte ihn zu seiner nah parkierten Blechkarre. Dort schmiss der Zweibeiner Two Eyes in den Wagen und machte sich davon, während der ältere Mann mit Kopfschütteln von dannen ging. Er schien mit dem Prozedere des jungen Mannes nicht einverstanden zu sein. Weil während des Tages immer wieder andere Zweibeiner in der Gegend auftauchten, zogen sich Halbmond und Luf zusammen mit ihrer Familie tiefer in den Wald zurück. Erst als es dunkel wurde, getrauten sich Halbmond und ihre gesamte Familie wieder aus dem Wald und sie gingen zum Ort, wo Two Eyes noch keine zwölf Stunden vorher gelegen hatte. Als sie dort ankamen, blieben alle bedächtig stehen und versuchten, aus den vielen Spuren und Gerüchen Sinn zu machen. Nach einigem Inspizieren hob Halbmond auf einmal ihren Kopf und gab einen lang gezogenen Heulton von sich. Der Rest der Familie tat es ihr gleich und bald durchdrang das Totengeheul die dunkle Nacht. Kurze Zeit später stieg Halbmond auf einen der benachbarten Hügel und wiederholte dort dasselbe Prozedere. Wieder wurde sie von der ganzen Familie begleitet. Dann gingen sie alle zum entgegengesetzten Hügel und heulten ein drittes Mal. Schlussendlich nahm sich Halbmonds Familie mehr als eine volle Stunde Zeit, um ihren Sohn und Bruder mit ihrem Geheul in den Tod zu geleiten. Als sie aufhörten, sahen sie, wie der alte Mann, der Two Eyes gefunden hatte, sich bedächtig davonmachte. Er hatte das Heulen von Halbmond und Co. unbemerkt mit angehört und schien die Trauer der Wolfsfamilie zu teilen.

Als der alte Mann von dannen gezogen war, wollte Halbmond genau wissen, was mit Two Eyes passiert war. Wieder stieg sie zum letzten Ruheplatz ihres verstorbenen Sohnes runter und fing an, das Gebiet zu durchkämen, während sich der Rest der Familie, ausser Luf, tiefer in den Wald zurückzog. Bald fanden Halbmond und Luf einige erste gute Indizien. Eine spezifische Spur hatte immer wieder Blutflecken in den Trittsiegeln. Diese blutverschmierte Spur führte vom letzten Ruheplatz von Two Eyes in Richtung des nahe gelegenen Waldes. Halbmond und Luf folgten dieser Spur und fanden zusätzlich in regelmässigen Abständen wässerigen Kot von ihrem Sohn. Ein Indiz, dass Two Eyes die letzten Momente seines Lebens mit grossen Schmerzen hatte verbringen müssen. Die Spuren deuteten auch daraufhin, dass Two Eyes nicht normal den Hang hinaufgelaufen war, sondern sich eher den Hang hinaufgeschleppt hatte. Halbmond und Luf gingen der Spur weiter nach, bis sie in Sichtweite des Ortes gelangten, an dem die Hirsche mit Heu gefüttert wurden. Luf blieb stehen und wollte nicht mehr weiter. Der Spur weiter zu folgen, bedeutete auch, sich der Fütterungsstelle der Hirsche zu nähern. Luf vermutete, dass dieser Ort etwas mit dem Tod seines Sohnes zu tun hatte. Halbmond bemerkte die Unsicherheit ihres Partners. Doch sie wollte nicht hören. Sie wollte unbedingt weitere Spuren inspizieren und näherte sich weiter dem unheimlichen Ort. Als sie sich keine 100 Meter von den Heuballen befand, ertönte ein lauter Knall. Fast gleichzeitig zum Knall spürte Halbmond einen höllischen Schmerz auf der Innenseite ihres vorderen rechten Laufes. Sofort sprang die Wölfin in die Höhe und machte sich so schnell sie konnte aus dem Staub. Ein weiterer Knall ertönte und Schnee spritzte neben der Wölfin auf. Sie hatte enormes Glück, dass der schiesswütige Zweibeiner, der Mörder ihres Sohnes, sie nicht tödlich traf. Mit einem enormen Schrecken in den Knochen und einer blutenden Streifschusswunde sprang Halbmond dem Tod nur knapp von der Schippe.

Durchzügler

Die Wunde, die der Streifschuss bei Halbmond verursacht hatte, verheilte schnell und gut. Bald blieb nur noch eine Narbe zurück, die einem Halbmond glich. Diese sollte Halbmond immer an der unberechenbaren Natur der Zweibeiner und an ihrem getöteten Sohn Two Eyes erinnern. Zum Glück gab es nebst den Zweibeinern weiterhin keinen grossen Gefahrenherd, der das Bestehen von Halbmonds Familie hätte gefährden können. Dies, weil es weiterhin noch keinem anderen Wolf gelungen war, in naher Umgebung eine eigene Wolfsfamilie aufzubauen. Will nicht heissen, dass nie ein fremder Wolf durch ihr Gebiet hindurchmarschierte. Mitnichten. Regelmässig tauchten einige fremde Durchzügler auf. Doch keiner blieb. Bis sich eines Tages im vierten Wurfsjahr alles ändern sollte, als ein fremder Wolf auftauchte, der grosses Interesse am Gebiet zeigte.

Als der allein umherwandernde Fremde im Kerngebiet von Halbmond und Luf auftauchte, war dies aus seiner Sicht eine riskante Sache. Drei Tatsachen motivierten den Fremden trotz aller Gefahr weiterzugehen:
Erstens war er, trotz seines jungen Alters von knapp drei Jahren, der grösste Wolf weit und breit.
Zweitens war er mutig und bereit, Risiken einzugehen.
Drittens wusste er, dass dort, wo es eine Wolfsfamilie gab, auch Weibchen lebten, die für ihn als Partnerin interessant sein könnten. Dieser letzte Gedanken trieb ihn am stärksten an.
Als die Sonne hinter den Vier-Gipfel-Berg aufging, suchte der fremde Wolf einen Ruheplatz für den bevorstehenden Tag. Am helllichten Tag war es keine gute Zeit, um in fremdem Gebiet herumzulaufen. Nicht unbedingt wegen Halbmonds Familie, sondern wegen den tagaktiven Zweibeinern. Der Fremde fand einen guten Schlafplatz nahe einer Gruppe von Lärchen. Von hier hatte er einen guten Überblick über das Gebiet. Direkt vor ihm fiel der Boden steil hinunter in einen ausgetrockneten Tobel. Auf der anderen Seite des Tobels entdeckte er den felsigen «Springwolf» und viele gut begangene Pfade, die in allen Richtungen führten. Und just auf solch einem Pfad entdeckte der Eindringling Luf, den heimischen Wolfsvater. Gespannt wartete der Fremde ab, was der Patriarch der Familie zu dieser Tageszeit vorhatte. Luf lief einen Pfad entlang, der ihn direkt unterhalb des Fremden führte. Dort angekommen schnüffelte er an einer jungen Lärche und markierte den Baum. Danach scharrte er mit den Vorder- und Hinterfüssen den Boden. Keine Minute später das gleiche

Prozedere. Dieses Mal hinterliess Luf einen Haufen Kot. Und wieder scharrte er den Boden mit höchster Intensität und mit weit nach oben gerichtetem Schwanz. Kurz danach verschwand Luf im Wald. Der Fremde ahnte, dass das heftige Markieren vom Revierinhaber direkt mit seinem Auftauchen verbunden war. Obschon er nicht gesehen worden war, so musste Luf doch Wind von ihm bekommen haben. Der Fremde hatte genug gesehen. Mit Luf war nicht zu spassen. Vielleicht war dieser nicht so gross wie er selbst, jedoch hatte der heimische Rüde einen enorm breiten Brustkorb und den muskulösen Körper eines Kämpfers. Auf ein Duell mit Luf hatte der fremde Wolf keine Lust. Er entschied sich, in der kommenden Nacht das besetzte Wolfsgebiet zu verlassen und weiterzuziehen. Zurzeit gab es im Gebiet sowieso keine Weibchen ausser Halbmond, und die war schon vergeben. Somit war das Gebiet im Moment uninteressant. Im kommenden Jahr wollte er zurückkommen und schauen, ob sich etwas in dieser Hinsicht verändert hatte. Dies war sein Plan.

Der braune Koloss

Für ein Jahr hielt sich der fremde Rüde am Rande des Territoriums von Halbmond und Luf auf. Als allein umherziehender Wolf musste der Fremde vor allem darauf achten, dass er sich nicht verletzen würde. Eine Verletzung könnte für ihn als Einzelgänger den Tod bedeuten, sollte er nicht mehr in der Lage sein zu jagen. Deshalb war der Rüde vorsichtig und ging nur kalkulierbare Risiken ein. Selten griff er ausgewachsene Hirsche an, ausser es ergab sich eine günstige Gelegenheit. Dazu kam es dann in einer dunklen Mainacht, mehr oder weniger genau ein Jahr nach seiner Sichtung von Luf. Die Hirschkuh, die er zu Fall bringen wollte, wollte just einen Gebirgsbach überqueren, als er sie überraschte. Es war keine zufällige Attacke. Der Rüde hatte den Angriff im Voraus geplant. Einige Tage vorher hatte er beim Erkunden des Gebietes erkannt, dass an einer engen Stelle des Baches Hirsche das Wasser oft überquerten. Da sah er eine Chance für einen Hinterhalt. Sein Plan wurde verstärkt, als der Geruch am Boden nahe dem Bach verriet, dass eine Hirschkuh, die den Bach regelmässig überquerte, an einem entzündeten Huf litt. Das Einzige, was jetzt noch zu tun war, war, ein geeignetes Versteck für sich zu finden und dann mit viel Geduld abzuwarten.

Um ein geeignetes Versteck zu finden, musste der Wolf die Windrichtung mit einberechnen. Beim Erkunden der näheren Umgebung fiel ihm auf, dass der Wind die meiste Zeit von oben her entlang des Bachs wehte und südöstlich weiterzog. Der ideale Ansitzort war somit südöstlich des Bachübergangs, sprich in entgegengesetzter Windrichtung. Der Wolf wählte seinen Ansitz unter einer nahen Tanne, deren Äste fast bis zum Boden reichten und die sich sehr nahe am Bachbett befand. Dort nahm der Graue beim Eindunkeln Platz. Von seiner Warte aus beobachtete er den Bach die ganze Nacht, den ganzen folgenden Tag bis weit nach Mitternacht der zweiten Nacht. Nach knapp 30 Stunden Wartezeit erschien tatsächlich die leicht hinkende Hirschkuh. Trotz des entzündeten Hufs sah die Hirschkuh fit aus und musste um die 80 Kilogramm wiegen, sprich das Doppelte vom Rüden. Auch mit ihrem Handicap war diese Kuh eine würdige und ernst zu nehmende Gegnerin.

Der Wolf wartete, bis die Hirschkuh begann, den Bach zu überqueren. Das Laufen durch das Geröll mit all den losen, glitschigen Steinen fiel der Kuh mit ihrem lädierten Huf sichtlich schwer. Als sie inmitten des Bachbetts stand, preschte der Wolf los. Die Hirschkuh erschrak so sehr, dass sie auf dem steinigen Untergrund ausrutschte und nur dank eines Halb-

spagats einen Sturz verhindern konnte. Der Wolfsrüde sah seine Chance und sprang der Hirschkuh an den exponierten Hals. Mit weit aufgerissenen Augen raffte sich die Hirschkuh mit aller Kraft auf und hob den Wolf mit allen vieren in die Luft. Doch dieser liess nicht locker. Stattdessen presste er, während er in der Luft baumelte, seine Kiefer noch mehr zusammen. Der Hirschkuh wurde die Luft abgekappt, sie verlor an Kraft und war bald dem Tode nah. Noch ein letztes Mal versuchte die Hirschkuh den Wolf vom Hals abzuschütteln und ihn irgendwie mit den Hufen und Knien zu treten. Vergeblich. Der Luftmangel und das Gewicht des 40-Kilo-Wolfes an der Gurgel liessen die Hirschkuh letztendlich kollabieren. Der Kampf war mit solch einer Geschwindigkeit vorüber, dass selbst der Rüde erstaunt war. Es war die vielleicht beste Jagd in seinem bisherigen Leben. Eine Meisterleistung seines Könnens.
Nach der gelungenen Jagd fing der Wolf mit seinem Festmahl an. Er erwartete nicht, dass andere Wölfe in der Region waren und ihm die Beute streitig machen würden. Und wenn doch, dann konnte er es mit jedem Wolf aufnehmen. Sogar mit Luf. Doch Luf und Halbmond waren weit vom fremden Wolf entfernt und so tauchte kein Wolf auf. Nachdem der geschickte Jäger fast 10 Kilogramm des besten Fleisches verschlungen hatte, zog er sich zu einem Verdauungsschlaf zurück. Als er im Morgengrauen zurückkehrte, musste er zunächst einen Fuchs vom Kadaver verjagen, bevor er mehr Hirschfleisch zu sich nehmen konnte. Nach einigen schmackhaften Bissen liess ihn ein Rascheln im Gebüsch aufhorchen. Kurz darauf schritt ein Lebewesen aus dem Gebüsch hervor, das er noch nie im Leben gesehen hatte und das ihm einen mächtigen Schrecken einjagte. Es sollte das einzige Mal in seinem Leben sein, dass er auf solch ein Lebewesen traf. Es war ein Bär und ein riesengrosser Brocken noch dazu. Ähnlich wie der Wolfsrüde war auch der Braune von Süden her in die hiesige Gebirgswelt gewandert, um nach einem Weibchen und einem geeigneten Gebiet für sich zu suchen. Aus Sicht des Wolfsrüden war das unbekannte Biest, das mit gesenktem Haupt auf ihn und seine hart erbeutete Hirschkuh zukam, furchteinflössend. Das Tier war mächtig, muskulös und entschlossen. Während der Braune näher trat, schlug er zwei-, dreimal mit den Kiefern zusammen und kreierte so ein dumpfes Geräusch. Danach bewegte er seinen mächtigen Kopf hin und her, ohne dabei den Wolf aus den Augen zu lassen. Auf einmal schoss er nach vorne und rannte schnurstracks auf den Wolf zu. Dieser hatte keine Lust auf eine Konfrontation mit diesem Koloss und sprang zur Seite. Doch es war nicht die Art des Rüden, sich kampflos zurückzuziehen. Entschlossen,

wenn auch vorsichtig, tastete er sich zurück zum verlorenen Kadaver. Dabei umrundete er den Bären und versuchte, diesem mit schnellen Bissen in den Hintern zu beissen, was ihm ein paar Mal gelang. Jedes Mal, wenn dies geschah, drehte der Bär wütend um und versuchte, dem lästigen Konkurrenten mit seiner mächtigen Tatze einen tödlichen Hieb zu verpassen. Der Wolf wich den Schlägen elegant aus und tänzelte um seinen übermächtigen Gegner herum. Nach einigem Hin und Her war der Bär das Spiel leid. Um den Wolf einzuschüchtern, stand er auf seine Hinterbeine und schaute dem Wolf von oben herab tief in die Augen. Dabei erkannte er, wie der Wolf fast vor Ehrfurcht erstarrte. Nun wollte der Bär nebst seiner Grösse auch seine Stärke zeigen. Er liess sich wieder auf seine Vorderbeine fallen und schlug mit seiner Tatze so kräftig er konnte auf den schneebedeckten Boden. Schnee wirbelte in die Luft und landete mitunter direkt auf der Schnauze des Wolfs. Dieser machte eingeschüchtert ein paar Schritte zurück. Der Braune war sich nun sicher, dass der Wolf ihn nicht mehr belästigen würde. Ansonsten drohten ihm seine Tatze und seine scharfen Krallen. Statt weiter zu drohen, kehrte der Bär zur vom Wolf erlegten Hirschkuh zurück und legte sich mit dem Bauch und ausgestreckten Beinen direkt auf den Kadaver. Damit sendete er dem Wolf ein weiteres Signal seiner Überlegenheit. Zu guter Letzt sah der tapfere Wolf ein, dass es keinen Sinn machte, den grossen Braunen weiter zu belästigen. Trotzdem verliess ihn den Mut nicht ganz. Er legte sich um die fünf Meter vom Braunen entfernt nieder und schaute den Riesen von unten an. Der Zottelige stand nach einer Weile auf und fing an, vom Kadaver zu fressen. Nach einer geschlagenen Viertelstunde kroch der Wolf auf allen vieren liegend langsam Stück für Stück nach vorne, bis er nur noch einen Meter vom hinteren Ende des Hirschkadavers entfernt war. Der Bär hob sein mächtiges Haupt und schaute dem Wolf direkt ins Gesicht. Der Rüde erstarrte und bereitete sich mental vor, davonzuspringen, sollte der Bär auch nur mit der Wimper zucken. Der Bär schaute ihn für mehrere Sekunden regungslos an. Zur Überraschung des am Boden liegenden Kaniden duldete der Braune ihn und fing an weiterzufressen. Dies war ermutigend. Der Wolf kroch ein wenig näher, bis er nahe genug war, um einige Fleischstücke aus dem Leib der Hirschkuh zu reissen. Immer wieder hielt er inne, um zum Bären, der immer noch auf dem Bauch der Hirschkuh stand, zu schauen. Dieser war gewillt, die Beute zu teilen. Schliesslich hatte es genug Fleisch für beide. Und so kam es, dass Wolf und Bär sich zusammen an der vom Wolf erlegten Beute satt frassen. Der Braune und der Graue schlugen sich zwei Tage lang ihre Bäuche voll,

bis nur noch einige Fellfetzen und Knochen von der Hirschkuh übrig waren. Als ein starker Frühlingsschneesturm sich anbahnte, zog der Braunbär auf Nimmerwiedersehen weiter.
Der Wolfsrüde blieb noch einen Tag länger beim Riss, um die letzten verbliebenden Knochen zu verwerten. Als er dabei war, das Mark aus einem Knochen zu schlecken, erinnerte er sich an die nahebei lebende Wolfsfamilie. Wie es dieser wohl gehen mochte?

Biala

Es war ungefähr zu der Zeit, als sich der fremde Wolf mit dem Bären zankte, als Halbmond wieder einmal Welpen gebar. Es waren deren sechs. Unter den Welpen gab es eine besonders hübsche Wölfin. Biala, die schöne Jungwölfin, wuchs wohlbehütet in Halbmonds Familie, zu der auch der Babysitter Junior zählte, auf. Ähnlich wie ihre Mutter Halbmond es in ihren jungen Jahren war, entwickelte sich Biala schnell zu einer unabhängigen Wölfin und wanderte oft allein umher. Als der Herbst ins Land zog, hatte sich Biala zu einer prächtigen Wölfin gewandelt. Sie war fast so gross wie ihre Mutter, einfach noch ein wenig schmächtiger. Biala war wieder einmal allein unterwegs, als es zu schneien begann. Sie hatte vor, einen älteren Hirschkadaver, der nicht allzu weit weg von ihrer schlafenden Familie lag, aufzusuchen. Vielleicht gab es an dem einen oder den anderen Knochen noch etwas Verwertbares. Als sie beim Hirsch ankam, fand sie tatsächlich noch einen Knochen, an dem es sich zu knabbern lohnte. Sie nahm diesen in den Mund, ging zur nächsten grossen Tanne und legte sich darunter nieder, um daran zu nagen. Nachdem sie den Knochen eine Weile bearbeitet hatte, überkam sie eine grosse Müdigkeit. Sie entschied, ein kurzes Nickerchen zu machen. Als das Schneetreiben stärker wurde, versteckte sie ihr Gesicht unter ihrem buschigen Schwanz.

Just zu dieser Zeit war der fremde Wolf, der sich einige Monate zuvor mit dem Bären auseinandergesetzt hatte, im Gebiet und nahm die Witterung von Biala auf. Er folgte ihrer Spur und entdeckte die Wölfin schlafend unter der Tanne. Er pirschte näher ran, bis er keine 50 Meter vor ihr stand. In diesem Moment öffnete Biala ihre Augen und erschrak. Blitzartig richtete sie sich auf. Wie hatte dieser Wolf es geschafft, sich unbemerkt an sie heranzuschleichen? Mehr wütend auf sich selbst als auf den Fremden gab sie ein tief vibrierendes Knurren von sich. Der Fremde stand im feinen Schneegestöber stockstill und starrte sie gespannt an. Die Wölfin war verwirrt. Was wollte dieser Wolf und woher kam er? Der Fremde fing an, seinen Schwanz leicht hin und her zu wedeln. Wer auch immer dieser Eindringling war, er schien freundliche Absichten zu haben. Biala fing instinktiv an, ihre eigene Rute hin und her zu bewegen, um ihrerseits gute Absichten zu signalisieren. Nun machte der Fremde behutsam ein paar Schritte nach vorne und blieb wieder wie versteinert stehen. Biala realisierte in diesem Augenblick, welche Absicht der Wolf hatte. Er wollte sie umwerben! Dies, obwohl die Paarungszeit noch etliche Wochen entfernt war. Schlagartig verwandelte sich Bialas Ängstlichkeit in eine

Mischung aus Gutmütigkeit, Offenheit, Freude und Hoffnung. Nun machte auch sie zwei Schritte nach vorn und blieb, wie der Fremde, aufrecht stehen. Ihre Rute wedelte sie weiterhin vorsichtig hin und her. Zwei weitere Schritte. Der Rüde regte sich nicht. Sein Fell war dicht und fein. Ein Rüde von stattlicher Grösse. Ein potenzieller Partner fürs Leben! Bialas Beine fingen an, leicht zu zittern. Sie hüpfte mit zusammengehaltenen Vorderpfoten, ähnlich einem mäusejagenden Fuchs, in drei grossen Sätzen nach vorn. Dann blieb sie wieder stehen. Mehr Schwanzwedeln. Zwei Schritte weiter. Der Rüde liess die Wölfin Schritt für Schritt, Satz für Satz herankommen, bis sich ihre Nasen leicht berührten. Als dies geschah, fühlte der Rüde seinen Puls in die Höhe schnellen, bis er sich kaum noch beherrschen konnte. Da fasste er sich ein Herz und leckte die Schnauze der Fähe. Dies kam gar nicht gut an. Empört schnappte Biala nach dem Gesicht des Rüden und machte einen Satz zur Seite. Dann blieb sie wieder stehen. Bevor der Rüde wusste, ob er etwas falsch gemacht hatte oder nicht, sprang Biala zurück vor seine Nase. Sie wollte sichergehen, dass er sie nicht missverstanden hatte. Denn sie war zutiefst von ihm angetan.

Als Nächstes fiel Biala auf ihre vorderen Ellbogen, während ihr Hinterteil in die Höhe ragte. Dann schaute sie von unten mit erwartungsvollen Augen den Rüden an. Sie wollte ihn mit diesem Spielbogen zum Herumtollen auffordern. Die Spannung lösen. Der Rüde liess sich nicht zweimal bitten. Bald hüpften die zwei in grossen Sprüngen durch den tiefen Schnee, suchten immer wieder den Körperkontakt und hatten Freude an der Zweisamkeit. Einmal jagte der Rüde Biala, einmal umgekehrt. Es schien der Beginn einer grossen wölfischen Liebe zu sein. Gerade als sie so grossen Spass hatten und alles gut lief, erschienen aus dem Wald Halbmond und Luf. Diese waren vom Fremdling weniger angetan, im Gegenteil. Mit hochgehobener Rute spurtete Luf in Richtung des fremden Rüden. Dieser schaute den anstürmenden Wolfsvater erschrocken an. Er wusste nicht recht, was er tun sollte. Lufs Körpersprache bedeutete nichts Gutes. Sollte er ihn kriegen, dann würde es heftig Haue geben, so viel stand fest. Und hinter dem wütenden Wolfsvater näherten sich eine scheinbar noch erbostere Wolfsmutter und ihr Junior. Der Fremde drehte seinen Kopf zur Seite und blickte noch einmal zu Biala. Diese wedelte ihren Schwanz in der Hoffnung, dass er bleiben würde. Der Rüde wusste es besser. Er kehrte um und rannte in geduckter Haltung und mit halb eingezogenem Schwanz auf und davon. Der kräftige Luf war unterdessen auf voller Geschwindigkeit angelangt und schien zum Fremden aufschliessen

zu können. Als der Gejagte dies bemerkte, schaltete er einen Gang höher. Luf lief dem Fremden noch für mehrere Hundert Meter nach, bis er verärgert aufgab. Dieser junge Rüde war nicht nur gross und kräftig, sondern auch schnell wie der Wind.
Der fremde Wolf kriegte den Anblick von Biala nicht aus dem Kopf. Deshalb tauchte er, wütende Wolfseltern hin oder her, in den kommenden Tagen immer wieder in deren Gebiet auf. Jedes Mal schlug das Herz von Biala höher, als sie ihn sah, und jedes Mal waren Luf und Halbmond verärgert über sein Erscheinen. Immer wieder setzten die Wolfseltern zum Spurt an und vertrieben den hartnäckigen Casanova. Dies gefiel Biala ganz und gar nicht. Gerne wäre sie mit dem Fremden in die weite Welt gezogen. Biala sah ihre Chance, diesen Rüden näher kennenzulernen bei jeder Vertreibung geringer werden. Deshalb entschied sie sich, ihre Familie zu verlassen, um einen Versuch zu starten, sich dem fremden Wolf anzuschliessen.

Neues Heim, neues Leben, neues Glück

Stippvisite

Der fremde Wolf konnte sein Glück kaum glauben, als er einige Tage nach seinem letzten Aufeinandertreffen mit Halbmond und Luf deren Tochter Biala auf sich zukommen sah. Er begriff schnell, dass sie sich ihm anschliessen wollte. Der bärenstarke Wolf liess sich nicht zweimal bitten und nahm die junge Wölfin wohlwollend unter seine Fittiche.
Die ersten gemeinsamen Tage nutze der Rüde, um Biala sein auserkorenes Territorium zu zeigen. Im Norden grenzte das Gebiet an bis zu dreitausend Meter hohe Berge, die sich mehr oder weniger parallel zum Vorderrhein von Westen nach Nordosten aneinanderreihten. Von den hohen Bergen fiel das Land auf einer Länge von bis zu 14 Kilometern stufenweise in die Tiefe, bis es das 2300 Meter tiefer gelegene Flussbett des Vorderrheins erreichte. Das Land selbst wurde von Bächen und Seitentälern durchschnitten und war mitunter mit grossen Wäldern bedeckt. Der grösste dieser zusammenhängenden Wälder bildete das Herzstück des jungen Wolfspaares und grenzte an die riesige Ruinaulta. Die Rheinschlucht bildete die südliche Grenze des neu entstandenen Wolfgebiets.

Während das neugeformte Wolfspaar durch das Land zog, galt es die neue Partnerschaft zu festigen. Dafür gab es nichts Besseres als eine gemeinsame Jagd. Biala war mit ihren neun Monaten noch eine relativ unerfahrene Jägerin. Dies bemerkte auch ihr Auserwählter. Doch ihn störte diese Tatsache keineswegs – im Gegenteil – es motivierte ihn, ihr zu zeigen, was für ein guter Jäger er war. Schliesslich lebte er seit einiger Zeit allein und hatte nie Mühe gehabt, sich durchzuschlagen. Nicht mal ein mächtiger Bär hatte ihn daran hindern können. Bereits beim ersten Ausflug Richtung Talsohle tötete er praktisch im Alleingang einen Rehbock. Ein paar Tage später eine junge Hirschkuh. Biala war schwer beeindruckt. Das Gesehene bestärkte ihre Entscheidung, ihre Familie so früh verlassen zu haben. Sie freute sich, mit dem fremden Rüden ein eigenes, unabhängiges Leben aufzubauen.
Die Bindung wurde in den kommenden Wochen weiter vertieft, als sie des Öfteren parallel nebeneinander durch den Schnee liefen oder an der gleichen

Stelle übereinander das Gebiet markierten. Die Welt sollte wissen, dass hier ein starkes Wolfspaar unterwegs war. Einzig als die Krokusse auf den Wiesen blühten, wollte Biala ihren neuen Auserwählten für eine kurze Zeit verlassen. Da Biala noch zu jung war, um sich im März zu paaren, musste das Wolfspaar sich noch ein Jahr gedulden, bis sie an der Reihe waren. Biala ahnte, dass es daheim bei ihren Eltern Nachwuchs gegeben hatte. Die Vorstellung, die Welpen zu sehen, war unwiderstehlich. Also marschierte sie los in Richtung Osten. Der Rüde kam mit ihr, bis die beiden auf eine klare Duftmarke von Luf und Halbmond stiessen. Bialas Partner zögerte, weiter in das Gebiet vorzudringen. Es war zu riskant für ihn, sie zu begleiten. Wer weiss, wie ihre Eltern auf ihn reagieren würden. Stillschweigend verstanden beide, dass Biala alleine weitergehen musste. Beide wussten auch, dass diese Trennung nur von kurzer Dauer war. Ein kleiner Ausflug zum vertrauten Heim und zurück – das war alles, was Biala im Sinn hatte. Und obschon der Rüde die Beweggründe seiner Partnerin nicht ganz verstand, liess er sie gewähren.

Biala hatte keine Mühe, den Weg zurück zu ihrer Familie zu finden. Als sie beim Bau auftauchte, lag der gute «alte» Junior beim Höhleneingang, als ob die Zeit still gestanden wäre. Junior war ein Jahr älter als Biala und war seinerzeit ihr eigener Babysitter gewesen. Dass er immer noch hier war, überraschte Biala ein wenig und zeigte, dass Junior ein richtiges Nesthäkchen war. Er war nun schon drei Jahre Teil der Familie. Dies war eine grosse Ausnahme. Denn alle anderen Jungwölfe wanderten ab, bevor sie zweijährig waren. Die meisten sogar, genauso wie Biala, bevor sie ihren ersten Geburtstag erreicht hatten. Junior jedoch blieb bei seinen Eltern, weil er, wie kein anderer Wolf, unglaublich viel Spass daran hatte, mit den neugeborenen Welpen zu spielen und auf sie aufzupassen. Er war der geborene grosse Bruder und er fand immer irgendwelche Wege, um die Jungmannschaft zu begeistern oder zum kreativen Spielen zu ermuntern. Als Biala ihren einstigen Babysitter sah, turnte eines der neuen Welpen auf seinem Rücken, während ein zweiter Sprössling an seinem Schwanz zog. Wie immer ertrug Junior diese Beiss- und Plageattacken der Welpen mit stoischer Ruhe. Nicht weit von Junior und den Welpen lag Lippe, ein weiterer Bruder von Biala. Lippe, der gleich alt war wie Biala, hatte sich in seiner Jugend an einem von Menschen gezogenen Zaun am Mund verletzt und war seither wegen seiner gespaltenen Lippe leicht zu erkennen. Lippe sah Biala als Erster, stand augenblicklich auf und gab einen Bellalarm von sich. Junior schüttelte sofort die Welpen von seinem Rücken, worauf diese so schnell sie konnten im Bau verschwanden. Derweil wedelte Biala stark mit ihrer Rute und getraute sich, in geduckter Haltung ein paar Schritte nach vorne zu machen. Ihre zwei Brüder streckten ihre Nasen in die Luft und nahmen letztendlich die Witterung von Biala auf. Sobald sie realisierten, dass es ihre Schwester war, entspannte sich die Situation blitzartig. Mit stürmischem Schwanzwedeln und Schnauzelecken begrüssten sich die drei. Kurz darauf erschienen Halbmond und Luf, um zu schauen, was los war. Die Begrüssung zwischen Biala und ihrem Vater ging problemlos vonstatten, jedoch war die Lage bei ihrer Mutter etwas angespannter. In extrem unterwürfiger Haltung kroch Biala ihrer Mutter entgegen. Als sie vor deren Pfoten ankam, drückte ihre Mutter sie zunächst mit ihren scharfen Zähnen auf den Boden. Biala liess die kurzzeitige Aggression ihrer Mutter über sich ergehen und legte sich sogar auf den Rücken, um ihre Brust und Kehle zu exponieren. Halbmond machte ein paar Schritte nach vorne und stand für mehrere Sekunden mit wedelnder Rute direkt über ihr. Die totale Unterwürfigkeit ihrer Tochter überzeugte Halbmond von deren guten Absichten. Wenig später erlaubte sie Biala sogar, sich ihren Welpen zu nähern. Die Welpen, erstaunlicherweise fast alles nur Weibchen, begrüssten ihre grosse Schwester, als ob diese nie weggewesen wäre. Daraufhin wurde eine Spielstunde eingeläutet und alle rannten aufgeregt hin und her. Als es dunkel wurde, war es an der Zeit, auf die Jagd zu gehen. Luf und Halbmond zeigten ihr Vertrauen in Biala, indem sie ihr die Aufgabe anvertrauten, auf die Jungen aufzupassen. Acht Mäuler zu stopfen war anspruchsvoll. Deshalb ging auch Junior mit auf die Jagd. Lippe blieb mit seiner Schwester zurück beim Bau. Die Tatsache, dass so viele kerngesunde Welpen um sie herumkrochen, zeigte, was für gute und tüchtige Eltern Halbmond und Luf waren. Biala blieb insgesamt drei Tage bei ihrer Familie. Je mehr Zeit verging, desto mehr machte sich die Sehnsucht nach ihrem Auserwählten bemerkbar. Sie wartete ab bis alle – Halbmond, Junior, Lippe und Luf – beim Bau anwesend waren. Dann fällte sie ihren Entscheid, stand auf und nahm ein für alle Mal Abschied von ihrer Geburtsfamilie. Es war endgültig Zeit für sie, ihr eigenes Leben zu leben.

Als Biala ihre Familie verliess, tat sie dies mit dem Wissen, dass die kleinen Welpen in den bestmöglichen Pfoten waren. Zudem verstärkte der Besuch ihre eigenen mütterlichen Ambitionen. Als sie nach mehrstündigem Marsch auf ihren Auserwählten traf, wusste sie, dass mit dem bärenstarken Rüden an ihrer Seite ihre Chancen mehr als intakt waren, eine Grossfamilie aufzubauen. Zusammen zogen sie sich in ihr ausgewähltes Territorium zurück.

Halbmond und Luf kam es gar nicht ungelegen, dass ihre Tochter zusammen mit dem hartnäckigen Casanova ihr eigenes Revier direkt neben dem ihrigen aufgebaut hatte. Wenn schon eine andere Wolfsfamilie nebenan einzieht, dann besser, wenn eines der Gründungstiere mit einem verwandt ist.

Ein paar Monate nachdem Biala ihre Familie endgültig verlassen hatte, entschloss sich auch Junior abzuwandern. Halbmond wusste, dass sie und Luf auch ohne ihren loyalen Junior zurechtkommen würden. Schliesslich waren zwei Weibchen aus dem letzten Wurf noch mit von der Partie. Die eine war Lawena, eine Wölfin, die früh in ihrem Leben oft und gerne allein auf Wanderschaft ging, sowie Tuma, eine sehr gutmütige Wölfin mit grossem Herzen. Mit der Hilfe von Lawena und Tuma sollten Halbmond und Luf es ohne grosse Mühe schaffen, die jungen Welpen grosszuziehen. Trotzdem vermisste Halbmond ihren Junior, noch bevor sie ihn gänzlich aus den Augen verloren hatte. Junior gelang es, seinen Bruder und einstigen Babysitter circa 60 Kilometer nordwestlich seines Elternterritoriums zu lokalisieren. Er zog eine Weile mit ihm durch die Gegend, bevor er weiter nach Norden wanderte und nie wieder gesehen wurde.

Zop

Ein paar Wochen bevor Junior das elterliche Gebiet verlassen hatte, kam es zur erneuten Paarung zwischen Halbmond und Luf. Ihre Tochter Biala paarte sich zur gleichen Zeit weiter westlich im Ruinaulta-Gebiet mit ihrem Partner. Beide Wölfinnen machten sich kurz nach der Paarung auf die Suche nach einer geeigneten Wurfshöhle. Biala erinnerte sich an ein Gebiet, das ihre Eltern ihr bei einem herbstlichen Ausflug gezeigt hatten, als sie noch keine sechs Monate alt gewesen war. Damals waren sie über einen alpinen Pfad in ein hoch gelegenes, lang gezogenes und schmales Tal hinein gewandert. Es war ein sehr wildreiches Tal, das von hohen Bergen umrundet wurde. Der höchste unter ihnen wurde von den Menschen Ringelspitz genannt und war weit herum gut sichtbar. Nebst den Huftieren nutzten auch die Zweibeiner die Gegend. Sie trieben im Sommer Rinder und Schafe ins Hochtal, um sie auf den saftigen alpinen Weiden grasen zu lassen. Trotz der Präsenz der Zweibeiner samt ihren Tieren entschied sich Biala für dieses abgeschiedene Tal, um ihren ersten Wurf zur Welt zu bringen, während Halbmond etwa acht Kilometer weiter westlich denselben Ort wählte, an dem schon Biala geboren worden war.
Die Wahl des Wurfortes von Biala forderte ihrem Partner alles ab. Die junge Wölfin hatte eine Wurfhöhle auserkoren, die oberhalb von einigen hohen, senkrecht abfallenden Klippen lag. Das ganze Gebiet war wegen des steilen Geländes sehr anspruchsvoll. Zudem war es die erste Welpensaison für den Rüden, und er stand deswegen unter enormem Druck, genug Futter für seine Auserwählte und die Welpen beschaffen zu können. Auch hatte der erstmalige Wolfsvater noch niemanden, der ihm auf der Jagd helfen konnte, wie es bei Bialas Eltern Halbmond und Luf der Fall war. Was dem Vater entgegenkam, war, dass er sich mit seinen vier Jahren im besten Alter befand. Er war nicht nur ein Wolf mit viel Kraft und Ausdauer, sondern auch von überdurchschnittlicher Grösse. Trotz seiner beeindruckenden Statur und Jagdfähigkeit war das Gebiet sogar für ihn eine grosse Herausforderung.

Als Biala Mitte Mai in der selbstgegrabenen Höhle verschwand, fing der Rüde an, allein auf die Jagd zu gehen. Er nutzte oft das Gebiet nahe einer engen Schlucht, wo sich etliche Huftiere, vor allem Hirsche, zu dieser Jahreszeit gerne aufhielten. Auch ein nahe gelegenes Gämsegebiet besuchte er regelmässig, um auf Gämsejagd zu gehen. Dabei bemerkte er, dass dieses Gebiet von Halbmonds Familie benutzt wurde und er fing an, diese Gegend zu meiden. Das Letzte, was er wollte, war in einen territorialen Streit mit den Stiefeltern zu geraten. Auch wenn er nun der Partner ihrer Tochter war, gab ihm dies nicht das Recht, in ihrem Reich zu jagen. Dies würde nicht geduldet werden. Somit fing er an, dieses Gebiet zu meiden, und nutzte stattdessen die Gegend rund um die Rheinschlucht, die Ruinaulta. Um zur Ruinaulta zu gelangen, musste er jedoch eine menschliche Siedlung umgehen und einen vielgenutzten Menschenweg überqueren, was er nur ungern tat. Ab und zu, vor allem in der Mitte der Nacht, wenn kein Mensch unterwegs war, nahm er eine Abkürzung durch die Siedlung, um zur Schlucht zu gelangen. Zehn Kilometer hin und zehn Kilometer zurück, samt 1400 Metern Höhenunterschied waren zu bewältigen. Ganz zu schweigen von den Strapazen der eigentlichen Jagd, wo er sich nicht selten mit wütenden Rothirschmüttern herumschlagen musste. Ein Huftritt einer solchen Hirschkuh war das Letzte, was er gebrauchen konnte. Und genau dies passierte anfangs Juli, als es ihm gelang, ein Hirschkalb von der Mutter zu trennen. Das Kalb rannte um sein Leben und lief mit hoher Geschwindigkeit über Stock und Stein. Der Rüde konnte zum Kalb aufschliessen und packte entschlossen zu, als das Kalb ins Stolpern geriet. Genau in diesem Augenblick tauchte die wütende Hirschmutter hinter ihm auf und schlug mit ihren Vorderhufen zu. Nur mit Mühe konnte er den heftigen Tritten das erste Mal ausweichen. Die zweite Schlagsalve hingegen traf ihn. Mit voller Kraft schlug die Hirschmutter dem Wolfsrüden mitten auf sein linkes Vorderbein. Fast hätte ihm der Schlag die Knochen gebrochen. Die Verletzung am Bein war auch ohne Beinbruch enorm schmerzhaft. Und so musste sich der Rüde von diesem Tag an mit seiner Verletzung herumplagen. Zeit zum Ausruhen und die Wunde ausheilen zu lassen, hatte er nicht. Gleich acht Welpen hatte Biala geworfen. Niemals würde er seine Familie im Stich lassen. Somit biss er von nun an täglich auf die Zähne. Mitunter humpelte er mehr schlecht als recht durch die Gegend. Immer wieder brach die Verletzung bei Zop, dem Hinkenden, von Neuem auf. Trotzdem schlug er sich durch. Es kam ihm gelegen, dass anfangs Juni überall in der Gegend die Zweibeiner ihre Schafe in die Höhe trieben. So auch in ihrem Gebiet. Ein Jahr zuvor war es ihm und seiner Biala gelungen, knapp ein Dutzend Schafe während der Weidesaison zu ergattern. Die Schafbauern hatten seither aufgerüstet. Sie engagierten eine neue Hirtin, die bereits im Ausland Erfahrung gesammelt hatte, Schafe im Wolfsgebiet zu hüten. Zudem entschieden sie sich von Anfang an, die Herde jede Nacht in einen Nachtpferch zu treiben. So sollten die Wolfsrisse auf ein Minimum reduziert werden. Auch neue Herdenschutzhunde wurden eingesetzt. Es würde kein Zuckerschlecken werden dieses Jahr für Zop, dem hinkenden Wolfsvater. Alles, was er unter diesen Umständen machen konnte, war die Schafherden regelmässig zu besuchen, um zu schauen, ob es irgendwelche erkennbare Schwächen im Schutzsystem gab.

Hilfe diesbezüglich kam von unerwarteter Seite. Eines frühen Morgens beobachtete Zop, wie ein Mensch, den er noch nie gesehen hatte, bei den Schafen erschien und am Zaun herumhantierte. Der Mann öffnete den Zaun, bevor er sich aus dem Staub machte. Warum er dies getan hatte, war Zop ein Rätsel. Mit Sicherheit gehörte er nicht zu den Hirten. Zop kümmerte sich nicht weiter um das Warum und Wieso. Wichtiger für ihn war die Erkenntnis, dass einige Schafe Reissaus genommen hatten. Er wollte die günstige Gelegenheit nutzen, bevor die Hirtin und die Hunde den Akt der Sabotage bemerkten. Als die Nacht hereinbrach, machte er sich hinkend auf in Richtung der ausgerissenen Schafe.
Dieser Glücksfall bei den Schafen war eine Ausnahme. Im Verlaufe des Jahres konnte Zop keine weiteren Schafe mehr ergattern. Dies dank der guten Behirtung und den Herdenschutzmassnahmen. Das Gleiche galt im angrenzenden Territorium von Halbmond und Luf. Auch ihnen gelang es, dank exzellenter Behirtung kein einziges Schaf zu erbeuten. Dies hatten sie auch nicht nötig. Das Gebiet nördlich des Rheins war mit viel Wild bestückt und lieferte den beiden Wolfsfamilien genügend Nahrung.

Steile Pfade

Die erste Welpensaison von Biala und Zop begann vorzüglich. Biala brachte insgesamt acht gesunde Welpen zur Welt. Wegen fehlenden Babysittern mussten die junge Wolfsmutter und der hinkende Zop die Jungmannschaft öfter allein zurücklassen, als ihnen lieb war. Die Dreikäsehochs nutzten diese Narrenfreiheit, um ausgedehnte Ausflüge auf mitunter steilen Pfaden zu machen. Ab und zu waren sie einzeln unterwegs, ab und zu in kleinen Gruppen oder gar alle zusammen.

Am 22. September war solch eine Vierergruppe unterwegs, als sie einen schmalen, kaum sichtbaren Pfad zwischen den Felsen hinunter zu einer von Menschen kreierten Naturstrasse fanden. Zop und Biala benutzten diesen oft auf ihren Jagdexpeditionen. Der bekannte Geruch der Eltern auf dem Pfad bekräftigte die Welpen weiterzumarschieren. Was es wohl unterhalb der Felswände zu entdecken gab? Dies galt es auszukundschaften. Auf ihrer Entdeckungsreise trafen sie auf zwei Menschen, die auf komischen Rädern daherkamen. Die Menschen hatten sie noch nicht gesehen. Also hiess es, rasch den Rückzug anzutreten. Sie entschieden sich, die Strasse zu verlassen und rannten nach oben in den angrenzenden Wald, der sich zwischen den Felswänden und der Naturstrasse befand. Als die Zweibeiner an ihnen vorbeisausten, entdeckten diese einen der Welpen und hielten sofort an. Die jungen Wölfe vernahmen, wie die Zweibeiner aufgeregt laut redeten und gestikulierten. Während sich die ersten drei Welpen unbemerkt aus dem Staub machen konnten, blieb ein Vierter wie versteinert stehen, bevor er versuchte, sich zwischen den Stauden zu verstecken. Als einer der Menschen einige wenige Schritte Richtung Wald machte, rannte der Welpe so schnell er konnte seinen Geschwistern nach. Diese hatten bereits einen gewaltigen Vorsprung und näherten sich dem rettenden Pfad, der sie zurück in vertraute Gefilde führen würde. Eine Jungwölfin schaffte es tatsächlich, den Pfad zu finden. Die anderen zwei verpassten den Einstieg und rannten weiter. Das Auftauchen eines Automobils weiter unten half nicht. Aufgeschreckt rannten sie weiter und überquerten einen Bach. Unglücklicherweise führte sie ihre Flucht direkt in die Richtung von grasenden Schafen. Zunächst schien dies eine tolle Sache zu sein, rannten diese doch vor ihnen weg, obwohl ein Zaun sie alle trennte. Einer der Welpen rannte ausserhalb des Zauns parallel den Schafen nach, während der andere in Richtung einer nahen Felswand spurtete. Der Spass für den Schafe jagenden Jungwolf nahm ein jähes Ende, als die Hirtin ihn entdeckte. Diese verjagte den Wolf mit lautem Getöse. Dies

wiederum brachte die grossen Herdenschutzhunde, die in der Nähe in der wärmenden Morgensonne ein Schläfchen hielten, ins Spiel. Sofort nahmen die grossen Hunde die Verfolgung auf. Bald rannten beide Jungwölfe um ihr Leben. Bei der Flucht gerieten sie in sehr steiles, felsiges Gelände. Als die Schutzhunde dies bemerkten, liessen sie von ihnen ab. Sie waren zufrieden, die kleinen Wölfe vertrieben zu haben, und kehrten schwanzwedelnd zur Schafherde zurück. Ihr Job war getan. Ungefähr zur gleichen Zeit war der vierte und letzte Jungwolf auf der Flucht von den zwei Menschen, die allzu gerne ein Bild von ihm gemacht hätten. Immer höher geriet der Welpe in die Felswand. Verzweifelt suchte er einen Weg nach oben. Dann und wann hielt er inne und analysierte seine Lage. Als er hinunterschaute, sah er immer noch die Zweibeiner. Dies motivierte ihn, es zu versuchen, weiter nach oben zu gelangen. Er hüpfte von Felsband zu Felsband, bis er auf einmal seine Balance verlor und kopfüber in die Tiefe stürzte. Er war auf der Stelle tot. Den beiden anderen Welpen erging es nicht besser. Auch sie fanden keinen Ausstieg aus den steilen Felswänden und stürzten letztendlich zu Tode.
Ein einziger der vier Welpen kehrte an diesem verhängnisvollen Tag lebendig nach Hause zurück. Als Zop und Biala gemeinsam von der Jagd heimkehrten, fanden sie statt acht nur fünf Welpen vor. Ein Welpe, das einzig überlebende Weibchen der verhängnisvollen Exkursionsgruppe, lag ein wenig abseits vom Rest seiner Geschwister. Mit grossen, herzerwärmenden Augen schaute sie ihre Eltern an, während ihr Kopf seitlich auf ihren Vorderpfoten lag. Es schien ihr nicht wohl zu sein. Der Schreck, Stress und all die Aufregung des Ausfluges waren ihr nicht nur ins Gesicht geschrieben, sondern hatten auch ihren Körper beeinflusst. Ein starker Schluckauf plagte sie. Besorgt trat Biala an den Welpen heran und beschnüffelte ihn intensiv. Auch ihr Vater Zop kam herbei und beide fingen an, den Welpen ausgiebig von allen Seiten zu lecken. Die Fürsorge ihrer Eltern beruhigte Hiccup ein wenig und der Schluckauf verschwand. Biala und Zop versuchten danach herauszufinden, was mit ihren drei vermissten Welpen geschehen war, und folgten den Duftspuren der Vermissten. Die verbliebenen fünf Jungen begleiteten ihre Eltern. Vor allem Hiccup war anfänglich eine gute Hilfe, da sie wusste, wohin zu gehen war. Es dauerte nicht lange, bis sie an eine Stelle gelangten, wo eine getrocknete Blutlache am Fusse einer hohen Klippe zu sehen und zu riechen war. Nun wussten die Eltern, dass an dieser Stelle einer ihrer Welpen zu Tode gefallen war. Den Körper konnten sie nicht finden, da, das verrieten die Duftspuren, ein Zweibeiner den verunglückten Jungwolf noch am Tage

des Unglücks abgeholt hatte. Die Suche nach den anderen Vermissten ging weiter. Bald fanden Biala und Zop die anderen Welpen. Beide lagen gekrümmt am Boden in ihrem eigenen Blut, keine 300 Meter voneinander entfernt. Auch sie mussten abgestürzt sein. Bestürzt beschnüffelte die ganze Familie ausgiebig die beiden leblosen Körper, stupsten sie mit der Nase an oder berührten sie mit ihren Pfoten, während sie ihre Schwänze langsam hin und her wedelten. Sie hofften auf ein Lebenszeichen. Vergeblich. Sie konnten nichts mehr für die Unglücklichen tun. Trotzdem entschieden sie sich, die Nacht bei den beiden toten Welpen zu verbringen. Früh am nächsten Morgen stand Zop als erster auf, streckte und schüttelte sich und fing an zu heulen. Bald stimmte die ganze Familie mit ein. Das Geheul der Wölfe wurde von den steilen Klippen hin und her geworfen, bis das ganze Tal von den traurigen Tönen gefüllt war. Als ihr Heulkonzert verstummte, trotteten sie in Reih und Glied von dannen. Es war Zeit, das Tal, mit all den schrecklichen Erinnerungen, hinter sich zu lassen.

Neue Nachbarn

Während es bei der Familie von Zop und Biala zur Tragödie gekommen war, lief es bei Halbmond und Luf um einiges besser. Ende Jahr bestand ihre Familie aus gleich elf Mitgliedern. Alles lief wie am Schnürchen. Wieder einmal hatten Halbmond und Luf es geschafft, ausnahmslos alle Welpen bis zu ihrem ersten Winter durchzubringen. Weil es ihnen so gut ging, wurde oft gespielt. Sogar Halbmond liess sich regelmässig von den Jungwölfen zum Spielen überreden. Halbmond, Luf und der Rest der Familie waren so glücklich und frei, wie Wölfe es nur sein können.

Trotz der sorglosen Zeiten veränderte sich etwas in diesem Jahr. Wollte bis vor einem Jahr ein junger Wolf von Halbmonds Familie abwandern, konnte er dies tun, ohne benachbarte Wolfsgebiete durchqueren zu müssen. Nahrung gab es überall mehr als genug. Dies änderte sich über die Jahre nicht. Was sich jedoch änderte, war, dass die Wolfsdichte im Herzen der Alpen langsam, aber sicher zunahm. Luf und Halbmond bemerkten diese Zunahme, als immer mehr Durchzügler das Familiengebiet durchwanderten. Zop war nur einer davon. Als es diesem gelang, Biala für sich zu gewinnen, um eine eigene Familie aufzubauen, entstand zum ersten Mal etwas Druck auf Halbmonds Clan. Obwohl Biala die Tochter von Halbmond und Luf war, so bildete sie mit Zop dennoch ihre eigene Einheit mit eigenen Ansprüchen auf Territorium und Jagdgebiete. Jede Familie muss zuallererst für sich schauen. Geteilt wird auf die Dauer kein Gebiet mit einer anderen Wolfsfamilie – verwandt oder nicht – so lautete seit jeher das wölfische Gesetz.

Weil das Gebiet südlich des Rheins aus wölfischer Sicht sehr begehrenswert war, wussten sowohl Halbmond und Luf als auch Biala und Zop, dass es nur eine Frage der Zeit sein würde, bis sich weitere Wolfsfamilien in der Umgebung niederlassen würden. Und so geschah es.

Im selben Jahr, als Biala und Zop ihren ersten Wurf hatten, tauchte eine junge, unbekannte Wölfin auf der gegenüberliegenden Seite des Vorderrheins auf. Sie hatte Ambitionen und liess sich in diesem wolfsfreien Gebiet nieder. Es gelang ihr, einen jungen Durchzügler für sich zu gewinnen. Es war ein gut gebauter Rüde, der seine Rute nach einer Jagdverletzung oft vom Körper weg nach links trug. Seither beanspruchten Krummschwanz und seine Partnerin das Gebiet rund um das Tal, das von den Zweibeinern Valgronda (das grosse Tal) genannt wurde. Das neue Paar machte sich auf Anhieb bei den lokalen Schafbauern unbeliebt, als sie völlig unbeaufsichtigte Schafe erbeuteten. Anders als im Gebiet von Zop

und Biala sowie in jenem von Halbmond und Luf hatten sich die lokalen Bauern trotz der Präsenz der Wölfe geweigert, Herdenschutzmassnahmen einzuleiten.
Ein weiterer Wolf tauchte im selben Jahr in der Gegend auf. Ein Wolf, der es in sich hatte. Dieser Wolf hatte einen robusten Körperbau mit einem muskulösen Nacken und markanter Schnauze. Sein kräftiges Gesicht wurde von zwei schwarzen Strichen unter den goldbraunen Augen zusätzlich betont und hervorgehoben. Das wohl Auffälligste am jungen Jäger war seine Fellzeichnung auf der Brustpartie. Die untere Brustpartie zwischen den Vorderläufen war schneeweiss gezeichnet. Direkt darüber führten zwei schwarze Striche von der Brustmitte diagonal seitwärts nach oben. Kombinierte man nun das Gesamtbild, das in perfekter Symmetrie den Brustkorb zierte, so ähnelte die Fellzeichnung einem Papillon, sprich einem Schmetterling. Papillon, der schön bemalte Wolf, hatte seine Familie ein paar Monate zuvor verlassen, nachdem er eine Saison lang geholfen hatte, die neugeborenen Welpen aufzuziehen. Nun war er allein unterwegs und stiess auf seinen Wanderungen bis nördlich des Rheins vor. Eines Tages, als er zu einer Rehjagd ansetzen wollte, stiess er unverhoffter Dinge auf eine Wölfin, die keine 100 Meter zu seiner Rechten aus dem Wald trat. Unbemerkt von den Rehen schauten die beiden Wölfe sich überrascht an. Papillon erkannte den Geruch der Wölfin anhand der Spuren, die er in den Tagen zuvor bereits mehrmals beschnuppert hatte. Er war sich bewusst, dass er in deren Gebiet eingedrungen war. Nun wurde es brenzlig. Denn die Wölfin war nicht allein. Ein paar Meter hinter der Wölfin entdeckte Papillon die Silhouette anderer Wölfe. Diese hatten jedoch nur die Rehe im Kopf und realisierten nicht, dass sich ein fremder Eindringling in der Nähe aufhielt. Wäre die Wölfin jetzt auf Papillon zugestürmt, wäre der Rest der Familie auf ihn aufmerksam geworden und es hätte für Papillon böse enden können. Zum Erstaunen von Papillon blieb die Wölfin jedoch regungslos stehen und betrachtete ihn ohne jegliche Aggression. Dabei bemerkte Papillon eine Narbe, die wie eine schwarze Halbmondsichel aussah, auf dem rechten Vorderlauf der Wölfin. Es war Halbmond. Aus irgendeinem Grund fühlte Papillon ein Gefühl von tiefer Verbundenheit mit ihr. Wie und warum wusste er nicht. Trotz des Gefühls der Verbundenheit entschied sich Papillon kehrtzumachen und lief davon. Halbmond liess ihn laufen. Auch sie empfand ähnliche Gefühle der Verbundenheit und schaute dem Fremden etwas ratlos, aber wohlwollend nach.

Thors Hammer

Papillon

Da das Gebiet nördlich des Rheins besetzt war, musste Papillon sich entscheiden, was zu tun war. Papillon sah sich um und lief zunächst im Vollmondlicht gegen Westen dem Vorderrhein entlang. Es ging nicht lang, da stiess er auf Spuren und Markierungen von Biala und Zop. Nun wusste er, dass auch dieses Territorium beansprucht war. Nach kurzem Überlegen lief Papillon bis zum Abgrund der grossen Rheinschlucht. Auf der anderen Seite der Schlucht gab es ein Gebiet, das zwischen den zwei grössten Flüssen der Region, dem Vorder- und dem Hinterrhein, eingebettet, und mit hohen Bergen, tiefen Schluchten und viel Wald bestückt war. Der westliche Teil dieser Region war von Krummschwanz und seiner Partnerin besetzt. Auch dies hatte Papillon bereits auf früheren Expeditionen ausgekundschaftet. Doch der östliche Teil des Gebiets, das bis zum Hinterrhein reichte, war für ihn noch unbekannt. Diese Region wollte er sich genauer ansehen. Er fand einen Pfad, der bis zum Vorderrhein hinunter in die Schlucht führte. Als er dem Wasser näherkam, wechselte er in einen Trab und letztendlich fing er an zu rennen. So schnell er konnte. Mit hochgehobenem Schwanz und jugendlichem Übermut stürzte er sich ins kalte Nass. Als er immer tiefer ins Wasser vorpreschte, ging es nicht lange, bevor er den Boden unter den Füssen verlor. Bald ragte nur noch sein Kopf aus dem Wasser. Als er in der Mitte des Flusses angekommen war, geriet er in die Strömung und wurde wie ein ins Wasser gefallener Baumstamm den Fluss abwärts getrieben. Und so paddelte er noch schneller. Letztendlich schaffte er es ans gegenüberliegende Ufer. Dort angekommen, verliess Papillon mit einem grossen Satz das Wasser und schüttelte sich von Kopf bis Schwanzspitze das viele Wasser aus dem Fell. Dann lief er weiter, ohne ein weiteres Mal zurückzuschauen.

In den nächsten Tagen und Wochen durchstreifte Papillon eine ihm unbekannte Welt. Eine Welt, die ihm gefiel. Er fand einen lang gezogenen Berggrat, der mit seinen sanft ansteigenden Südost-Hängen gute Lebensbedingungen bot. Mitunter gab es viele offene Alpwiesen, die von dichten

Wäldern umgeben waren. Einige Bergbäche hatten tiefe Schluchten in den harten Felsen gegraben. Papillons feine Nase verriet ihm, dass diese Gegend sehr wildreich war. Überall entdeckte er Spuren und Hinterlassenschaften von Rehen, Hirschen, Gämsen und – ganz weit oben am Berg – von Steinböcken.
War dieser Berggrat, mit den sanft ansteigenden Südost-Hängen, das Rückgrat des von Papillon erkundeten Territoriums, dann war ein hoch aufragender, markanter Berg das Herz und die Seele der Gegend. Die Spitze des Bergs, der unter den Zweibeinern als Beverin bekannt war, bestand aus einem turmähnlichen Gesteinskopf und ähnelte, um es mit der Mythologie der Menschen zu beschreiben, ein wenig an Thors Hammer, der magischen Waffe des Gottes Thor. Thors Hammer galt bei den Germanen als Symbol der Stärke, Tatkraft und Fruchtbarkeit. Der Name passte blendend zum Wesen von Papillon. Ohne etwas von der Mythologie der Zweibeiner zu wissen, gefiel die markante Bergspitze Papillon, da sie für ihn das Epizentrum seines auserwählten Reiches symbolisierte. Die Hänge rund um Thors Hammer waren ein wenig wilder und rauer, als es sonst der Fall war in dieser Region. In den Geröllhalden tummelten sich Stein- und Schneehühner, während hoch oben am Himmel Steinadler, Turmfalken oder die seltenen Bartgeier ihre Kreise zogen. Papillon bemerkte zudem, dass wenig Geruch von Zweibeinern an den Hängen von Thors Hammer zu finden war und er schätzte diese Erkenntnis.
Als Papillon sich einige Wochen nachdem er den Rhein durchquert hatte, unter einer Lärche zur Ruhe setzte, dachte er über die Gegend nach, die er nun seit vielen Tagen durchforschte. Es wurde ihm bewusst, dass er nicht nur eines der schönsten, wildreichsten und vitalsten Wolfsgebiete weit und breit gefunden hatte, sondern auch, dass das Gebiet rund um Thors Hammer gänzlich wolfsfrei war. Es war die grosse Chance für ihn, für sein Leben.

In den darauffolgenden Monaten liess er keine Gelegenheit aus, um sein neues Heim zu markieren. Besonders an den äusseren Grenzen seines Territoriums setzte er überdurchschnittlich viel Kot und Urin ab, um vorbeiziehende Wölfe darauf aufmerksam zu machen, dass dieses Wolfsland besetzt war. Vielleicht, so Papillons leise Hoffnung, würde auch ein alleiniges Weibchen auf seine Markierungen aufmerksam und den Weg zu ihm finden. Denn alles, was Papillon jetzt noch brauchte, um sein Glück perfekt zu machen, war eine Partnerin. Papillon musste sich in dieser Hinsicht noch etwas in Geduld üben. Erst als er seinen ersten Winter an den Hängen von Thors Hammer hinter sich gebracht hatte, stiess er auf eine verheissungsvolle Fährte. Es war die Spur eines allein in der Gegend umherziehenden Wolfsweibchens. Jetzt galt es, das Weibchen zu finden und sie zum Bleiben zu ermutigen. Um seine Chancen zu erhöhen, nutzte Papillon die dunklen Nächte, um in die weite Welt hinauszuheulen. Sollte das Wolfsweibchen in der Nähe sein, würde sie ihm vielleicht antworten. Und wenn nicht, dann wusste sie wenigstens, dass im Gebiet ein alleinlebender Wolf zu Hause war. Dies wäre bereits ein erster Schritt in die richtige Richtung. In der ersten Nacht erhielt er keine Antwort. Auch die zweite Nacht blieb ruhig. Zur Freude von Papillon erhielt er in der dritten Nacht die langersehnte Antwort. Sie kam aus der Richtung eines ihm gut bekannten, nicht allzu grossen, wilden Flusses. Anhand der Tonlage und der Stimme konnte er erkennen, dass das Weibchen nicht abgeneigt war, ihn kennenzulernen. Also machte sich der junge Wolf entschlossen auf, die Wölfin zu finden. Je näher Papillon dem wilden Fluss kam, desto mehr frische Spuren der Wölfin fand er. Der Geruch in den Spuren verriet ihm, dass es eine kerngesunde Wölfin war. Zudem bestätigten die Gerüche, dass sie allein unterwegs war. Behutsam arbeitete sich Papillon durch das Gebüsch, bis er am Waldrand zum Stehen kam. Die Sonne war unterdessen aufgegangen und badete die Landschaft in ein warmes Licht. Dann erstarrte Papillon. Zum ersten Mal sah er die Wölfin. Sie stand direkt neben einem kleinen Tümpel mit der Sonne im Rücken. Die tief liegende Sonne liess die äussersten Haarspitzen der Wölfin in einem hellen, bezaubernden Ton leuchten, während der Rest ihres Körpers eine schwarze Silhouette hergab. Papillons Herz schlug schneller und er konnte seine Augen nicht von ihr lassen. Die Wölfin selbst hatte den Rüden noch nicht bemerkt. All ihre Aufmerksamkeit galt dem seichten Gewässer. Sie war zutiefst an etwas im Wasser interessiert. Die Wasseroberfläche war dank der Windstille spiegelglatt. Für einen Augenblick erschien es Papillon fast so, als würde die Wölfin ihr eigenes Antlitz im Wasser bewundern. Wie könnte man es ihr übel nehmen. So schön war sie. Bewegungslos stand sie da, wartete ab. Papillon fragte sich, was sie als Nächstes machen würde. Was auch immer sie im Wasser gesehen hatte, es war nicht mehr von Interesse und sie marschierte weiter. Jetzt musste Papillon sich entscheiden, ob er sich der Wölfin zeigen wollte oder nicht. In seiner Brust breitete sich ein kribbeliges Gefühl aus, während er kalte Pfoten kriegte. Trotz der verwirrenden Gefühle, die in ihm aufstiegen, fasste er sich ein Herz und entschied, aus dem Wald hervorzutreten und sich zu zeigen. Kaum war Papillon aus dem Wald getreten, bemerkte die

Wölfin ihn und blieb schlagartig stehen. Die Stunde der Wahrheit war gekommen. Papillon machte mit hoch aufgehaltener und leicht wedelnder Rute ein paar Schritte nach vorne. Die Wölfin starrte ihn mit einer Mischung aus Angst und Hoffnung an. Dabei zog sie ihren Schwanz leicht zwischen den Beinen. Als Papillon dies bemerkte, wollte er ihr zeigen, dass sie keine Angst zu haben braucht. Er wedelte seine Rute stärker hin und her und machte zwei weitere Schritte auf seine Auserwählte zu. Nun verstand diese, dass sie nicht in Gefahr war, und dass dieser Wolf – genauso wie sie – allein unterwegs war und ihr nichts Böses antun wollte. Im Gegenteil. So machte auch sie ein paar Schritte auf den Rüden zu. Dann war er wieder an der Reihe. So ging das Spiel weiter, bis sie sich schliesslich Nase an Nase, Auge in Auge gegenüberstanden.
Zum ersten Mal sah Papillon die ganze Statur der Wölfin. Er war begeistert. Nicht nur, weil sie gross und kräftig war, sondern weil die Wölfin auf ihrer Brust eine Fellzeichnung hatte, die Papillon zutiefst faszinierte. Auf der Brust der Wölfin erkannte er nämlich zwei Halbkreise, die ineinander verschmolzen, und aussahen wie zwei Sichelmonde. Der eine war weiss, der andere schwarz. Schlagartig erinnerte er sich an seine Begegnung mit Halbmond und an ihre Markierung in Form eines schwarzen Halbmonds auf ihrem vorderen Lauf und an die unerklärlichen Gefühle der Verbundenheit, die er damals für die Wölfin empfunden hatte. Und nun stand er einer anderen Wölfin gegenüber, die sogar zwei Halbmonde auf sich trug. Papillon machte zwei Schritte zurück und schaute die Wölfin mit grossen Augen an. Ihr Fell war auffallend hell und glänzend. Ihr Geruch verzaubernd. Anhand des Geruchs wusste Papillon, dass sie von weither kam. Sie war nicht mit irgendeinem Wolf, den er bislang auf seinen Reisen kennengelernt hatte, verwandt, auch nicht mit Halbmond. Doppelmond, die Wölfin mit den zwei Mondsicheln auf der Brust, war jung, topfit und hoch motiviert, ihr eigenes Revier und ihre eigene Familie aufzubauen. Als die beiden Angesicht zu Angesicht standen, fiel Doppelmond auf einmal auf ihre vorderen Läufe, während ihr Hinterteil in den Himmel ragte. Papillon wusste, was dies bedeutete. Sie wollte nicht nur mit ihm spielen, sondern zeigte unmissverständlich, dass er ihr gefiel. Kurz danach sprinteten die beiden Wölfe spielerisch auf der Wiese hin und her und beide entschieden sich in diesem Augenblick, dass sie es miteinander versuchen wollten.

Gemeinsam unterwegs

Papillon und Doppelmond waren bereits früh in ihrer Partnerschaft ein höchst erfolgreiches Team. Zwei Tage nachdem sie sich getroffen hatten, brachten sie ihren ersten gemeinsamen Hirschstier zu Fall. Der Hirsch war vom strengen Winter geschwächt und war den beiden Wölfen trotz seiner Grösse nicht gewachsen. Das neue Wolfspaar nutze den Hirschkadaver über mehrere Tage. Danach zeigte Papillon seiner Auserwählten nicht ohne Stolz sein ganzes Reich. Mitunter stiessen sie in ein lang gezogenes Tal im Süden des Gebiets vor und entdeckten dort zwei Herden von Huftieren, die den Menschen gehörten. Die eine Herde bestand aus Kühen, die andere aus Schafen. Die Schafe hielten sich rechts vom Bach im Tal auf, die Kühe links davon.

Das Wolfspaar erkannte, dass zwei Zweibeiner zu den Tieren schauten. Derjenige, der auf die Schafe schaute, torkelte oft mit einer Flasche in der Gegend umher, als ob er irgendwie betäubt wäre. Zudem schien sich dieser regelmässig mit dem anderen Zweibeiner zu streiten. All dies bewirkte, dass allen voran die Schafe meist ohne irgendwelchen Schutz in der Gegend umherliefen. Einige davon, dies konnte Papillon schon von Weitem riechen, waren nicht die gesündesten. Ohne Zweifel eine Chance für ihn und seine Auserwählte. Papillon war es jedoch nicht gewohnt, Schafe zu jagen. Doppelmond hingegen zögerte nicht lange. Sie schien Erfahrung zu haben im Erbeuten dieser wolligen Vierbeiner und animierte ihn zu einer Jagd. Als Papillon sah, wie leicht es seiner Partnerin gelang, solch ein Tier zu überwältigen, und dass dies keinerlei Konsequenzen in Form von bellenden Hunden oder schreienden Zweibeinern hatte, entschied er, sich an der Jagd zu beteiligen. Bald hatte auch er eine wollige Beute im Mund. Als er anfing, das Schaf zu verspeisen, merkte er, dass dessen Fleisch nicht so gut war wie das der Hirsche oder Gämsen. Doch im Gegensatz zu den wilden Huftieren waren diese Tiere so unbeholfen und ungeschickt und so leicht zu erbeuten, dass es Sinn machte, sie zu jagen. Letztendlich war es nahrhaftes Fleisch und es gab diese wolligen Tiere in Hülle und Fülle. Warum nicht zugreifen? Die Menschen würden sicherlich nichts dagegen haben, wenn er und Doppelmond das eine oder andere Schaf für sich beanspruchten.

Kurz bevor der Winter kam, trieben Menschen die vielen Schafe von der grossen Schafsalp ins Tal. Papillon und Doppelmond blieben noch eine Weile im Gebiet. Dies, weil sie bemerkt hatten, dass es dort, wo die Schafe den ganzen Sommer hindurch frei herumliefen, nicht selten halb blinde

Gämsen gab. Diese halb blinden Gämsen, so schlussfolgerte Papillon, mussten irgendwie im Zusammenhang stehen mit den Schafen. Wie genau wusste er nicht. Es war ihm auch egal. Denn die Gämsblindheit erleichterte die Jagd auf die flinken und robusten Hornträger um ein Vielfaches.

Ein paar Monate später, es war bereits tief im Winter, bemerkte Papillon, dass sich bei seiner Partnerin etwas verändert hatte. In ihrem Urin hatte er jüngst ein paar Blutstropfen bemerkt. Zudem stolzierte Doppelmond ihm des Öfteren mit leicht zur Seite geneigter Rute direkt vor die Nase. Den Geruch, den er wahrnahm, betörte und erregte ihn. Instinktiv wusste er, dass seine Jugendzeit nun endgültig vorbei war. Es war Zeit, erwachsen zu werden, und Papillon wusste, was er zu tun hatte.
Knappe neun Wochen nachdem Papillon sich zum ersten Mal mit Doppelmond gepaart hatte, lief seine Auserwählte zielgerichtet den Ort an, wo sie ihre Welpen zur Welt bringen wollte. Aus einem Grund, den Papillon nicht gänzlich verstand, wählte Doppelmond weder einen alten Fuchsbau noch eine selbstgegrabene Höhle. Stattdessen bevorzugte sie eine flache Mulde inmitten von Steinen, die von dichter Vegetation, Moos und grossen Bäumen umgeben war. Nach und nach machte es für Papillon Sinn. Die vielen Steine mit all den Spalten dazwischen boten den Welpen genügend Schutz, um sich bei schlechtem Wetter oder bei Gefahr zu verkriechen. So liess es sich auch meistern, dachte der bald werdende Wolfsvater. Was ihm jedoch ein wenig Sorgen machte, war, dass sich der Wurfsort in unmittelbarer Nähe von den Zweibeinern und den ihnen gehörenden Weidetieren befand. Er traute jedoch der Weisheit seiner Lebensgefährtin.

Hiccup

Nördlich des Rheins lief bei Halbmonds Wolfsdynastie zunächst alles wie gehabt. Halbmond und Luf hatten zusammen ihre achte Paarungszeit hinter sich gebracht, während ihre Tochter Biala sich mit ihrem Zop zum zweiten Mal gepaart hatte. Biala und Zop waren erpicht, die kommende Welpenaufzuchtsaison erfolgreicher zu gestalten als die letzte, bei der sie drei ihrer Welpen in steilen Felswänden verloren hatten. Doch es fing gar nicht gut an. Noch während der Paarungszeit stiessen Biala und Zop auf Spuren von ihrer Tochter Hiccup. Hiccup war seit einigen Tagen verschollen. Die Spuren bereiteten den Eltern Sorgen. Denn sie fanden in Hiccups Spuren Blut. Sofort machte sich die ganze Familie auf, um der Fährte zu folgen. Es dauerte nicht lange, bis Zop und Biala ihre Tochter lokalisiert hatten. Sie lag eingerollt unter einer Tanne und schwänzelte aufgeregt, als sie ihre Eltern und Geschwister sah, ohne aufzustehen. Alle gingen sie zu ihr herüber, begrüssten und beschnüffelten sie ausgiebig. Dabei bemerkte Zop im Fell seiner Tochter den Geruch von Asphalt und Autoabgas. Er folgerte daraus, dass seine Tochter von einem Automobil angefahren worden und nun schwer verletzt war. Der Wolfsvater, der wieder einmal selbst stärker als normal humpelte, verstand am besten, was seine Tochter nun brauchte. Er entschied sich, die verletzte Hiccup auf einen vom Menschen errichteten Winterwanderweg zu führen. Einmal dort angekommen, lief die ganze Familie zielgerichtet Richtung Westen. Der Pfad führte sie durch eine malerische Landschaft, vorbei an mehreren Dörfern, tief verschneiten Waldabschnitten bis zum Abgrund einer tiefen, engen Schlucht. Hiccup folgte ihren Eltern so gut es ging. Als sie am Abgrund der Schlucht stand, zitterten ihre Beine. Zop gab ein gutmütiges Wuff von sich und ermutigte Hiccup, ihm weiter zu folgen. Sie waren bald am Ziel. Ein kleiner Pfad, der von Gämsen oft gebraucht wurde, führte sie parallel zur Schlucht nach oben, bis sie unter eine Gruppe von riesigen Rottannen gelangten. Einige der Rottannen hatten so grosse Wurzeln, die dem Boden entlangliefen, dass man sie für gefällte Bäume hätte halten können. Unter der grössten aller Tannen setzte sich Zop hin. Biala, Hiccup und der Rest der Familie folgten ihm. Bald suchte jeder einen geeigneten Platz und legte sich zum Ruhen hin. Um die zwölf Stunden später machte sich die Familie auf, um auf die Jagd zu gehen. Hiccup war zu schwer verletzt, um mit der Familie weiterzuziehen. Sie würde ihren Clan nur aufhalten. Und so kam es, dass sich in den kommenden Wochen, ganz entgegen dem eigentlichen Nomadenleben, alles um den Ort drehte, wo Hiccup verletzt ausharrte. Die enge Schlucht wurde zum Dreh- und Angelpunkt der Wolfsfamilie. Immer wieder kamen und gingen einige Familienmitglieder. Einige blieben tagelang weg, andere sogar Wochen. Hungern musste Hiccup trotzdem nie, weil die rückkehrenden Wölfe immer etwas zum Futtern mitbrachten. Einmal ein Hirschbein, ein anderes Mal Rehfleisch. Und sollte Hiccup einmal einen oder zwei Tage allein verbringen müssen, so gesellte sich oft einer dieser Vögel zu ihr, die so gerne mit ihrem spitzen Schnabel an Bäume klopften. Das Exemplar, das Hiccup regelmässig beobachten konnte, schien nicht so oft im Baum zu trommeln wie andere seiner Art. Dafür war sein Gesang umso penetranter. Er tönte ab und zu wie ein laut lachender Zweibeiner. Vielleicht tat er dies absichtlich und machte sich mit seiner Imitation über die Menschen lustig. Hiccup beobachtete mehrere Male, wie der laute Vogel in wellenförmigem Flug vom Baum Richtung Schlucht flog. Dabei schlug er zweimal mit den Flügeln und zog diese dann zusammen. Dann sah es fast schon aus, als ob er vom Himmel fallen würde. Bis er dann zwei weitere Male mit den Flügeln schlug, um vorwärtszukommen. Einmal bei den Felswänden angelangt, turnte er an den steilen Wänden herum und pickte etwas Unidentifizierbares zum Knabbern zwischen den Felsspalten heraus. Hiccup liebte es, diesem Vogel zuzuschauen. Am liebsten hatte sie es jedoch, wenn der Vogel direkt vor ihr im Schnee landete. Dann konnte sie den Prachtsvogel direkt aus der Nähe anschauen. Der Gefiederte war viel schöner gezeichnet als etwa die grossen Kolkraben, die Hiccup schon oft in ihrer Nähe gesehen hatte. Dieser Vogel vor ihr trug eine Art schwarze Maske, die von der Schnabelwurzel bis hinter den Augen reichte. Sein oberes Federkleid war von der gleichen Farbe wie Gras. Der Oberkopf sowie die Nackenpartie waren fast gänzlich von der gleichen Farbe bedeckt, wie sie das Rotkehlchen auf seiner Brust trägt. Einfach nur noch dunkler und kräftiger, dem Feuer ähnlich. Jedes Mal, wenn der Feuervogel im Schnee vor ihr landete, hüpfte er vorsichtig in ihre Richtung. Machte sie auch nur einen Mucks, flog er davon. Somit lernte Hiccup innezuhalten, als der Feuervogel nahe ihrem Liegeplatz im Schnee landete. Der Grünspecht, so nannten ihn die Menschen, war nicht ihretwegen hier. Neben einem unter dem Schnee versteckten Baumstamm gab es einen riesigen Ameisenhaufen. Scheinbar hatte der Feuervogel Ameisen zum Fressen gern. Um an seine Lieblingsspeise zu gelangen, fing er an, einen Tunnel durch den Schnee zu graben, bis er den Ameisenhaufen erreicht hatte. Dort benutzte er seine lange Zunge, um an die Ameisen tief im Bau heranzukommen. Komischerweise fühlte sich

Hiccup immer gleich besser, wenn der Feuervogel sie besuchte. Natürlich hing der Prozess ihrer Heilung vor allem damit zusammen, dass ihre Familienmitglieder sie nie im Stich gelassen hatten und regelmässig Futter brachten. Trotzdem war sie dem Feuervogel dankbar, dass er sie so regelmässig besuchte.

Als Hiccup wieder mehr Gewicht auf ihr lädiertes Hinterbein setzen konnte, animierte ihr Vater Zop sie, die Schlucht zu verlassen. Dass Zop sich immer noch um seine Tochter kümmerte, war alles andere als selbstverständlich. Schliesslich bereitete Biala sich intensiv auf die kommende Welpensaison vor. Zop hätte Hiccup während dieser Zeit links liegen lassen können. Tat er aber nicht. Im Gegenteil. Zop ging an seine Grenzen, um niemanden in seiner Familie zurückzulassen. Zum Beispiel animierte Zop eines Tages seine verletzte Tochter, ihm bis zu einer frisch erlegten Hirschkuh zu folgen. Dort angekommen, liess er von ihr ab und machte sich auf, um für den Rest der Familie etwas anderes zu jagen. Die Hirschkuh war ein Geschenk von Zop für seine Tochter. Genüsslich verzehrte Hiccup über Tage hinweg das frische Hirschfleisch bis auf die letzten Knochen.

Hiccup war dem Tod knapp von der Schippe gesprungen. Dies dank der Fürsorge ihrer Familie und vor allem dank Zop. Wäre Hiccup ein anderes Tier gewesen, wäre sie qualvoll zugrunde gegangen. Denn weder Hirsch noch Maus noch Habicht leben in einer Gemeinschaft, in der Familienmitglieder sich aufopferungsvoll um ihre Verletzten kümmern. In der Welt der Wölfe ist dies anders. Der Zusammenhalt der Familie ist das oberste Credo. Es war eine Lektion des Zusammenhalts, die Hiccup nie vergessen sollte.

Als es für Hiccups Mutter Biala Zeit war zu gebären, marschierte sie zusammen mit Zop in Richtung einer neuen Wurfshöhle, die sie wenige Tage zuvor geortet hatte. Der neue Wurfsort lag gut versteckt in einem Hochtal. Zop und Biala konnten in diesem Jahr auf die Hilfe einer einjährigen Tochter zurückgreifen, um ihre neuen Jungen erfolgreicher als letztes Jahr über die Runden zu bringen. Sogar Hiccup selbst, die sich nach ihrem Unfall und dank der Fürsorge ihrer Familie wieder erholt hatte, gesellte sich zu ihrer Familie und avancierte zur Hauptbabysitterin. Zop und Biala gelang es zusammen mit ihren beiden Töchtern, alle fünf Welpen bis zum Jahresende gesund über die Runden zu bringen. Keinen einzigen Verlust mussten sie dieses Jahr erleiden. Und so kam es, dass Zops Familie aus acht Familienmitgliedern bestand, als das Jahr zu Ende ging. Da waren die Elterntiere Zop und Biala, die anderthalbjährige Hiccup und die fünf halbjährigen Welpen. Hiccups gleichaltrige Schwester hatte während dem Herbst die Familie verlassen.

Expedition ins Unbekannte

Hiccup war Ende Jahr trotz ihres immer noch leichten Hinkens voller Tatendrang. Sie wollte hinaus in die weite Welt und sehen, was es sonst noch für Möglichkeiten für sie gab. Richtung Süden war ihr zu riskant. Sie wusste, dass dort die Krummschwanz-Wolfsfamilie lebte. Krummschwanz und seine Partnerin hatten erstmals Welpen gehabt und zwei davon überlebten bis Ende Jahr. Sie waren demnach zu viert unterwegs. Um nicht ins Krummschwanz-Wolfsgebiet zu gelangen, entschied sich Hiccup, nur gerade neuneinhalb Monate nach ihrem schweren Unfall und mitten im Winter wohlgemerkt, über einen 2400 Meter hohen Pass nach Norden in unbekanntes Gebiet zu wandern. Sie wurde von Socca, ihrer ein Jahr jüngeren Schwester mit auffallend weissen Pfoten begleitet.
Als sich die zwei Abenteuerinnen bei Einbruch der Dunkelheit von ihren Eltern Zop und Biala verabschiedeten, waren sie bereits ein gut eingespieltes Team und für die Welt jenseits des elterlichen Territoriums gut gerüstet. Ihre Reise führte sie zunächst tief in einen Talkessel, in dem sie im Sommer und Herbst schon des Öfteren auf der Jagd gewesen waren. Von dort wollten sie einen hohen Pass überqueren, um in unbekanntes Gebiet vordringen zu können. Es half nicht, dass ein paar Tage zuvor ein Schneesturm aufgezogen war und 30 Zentimeter Neuschnee mit sich gebracht hatte. Der tiefe Neuschnee, der die jungen Wölfinnen oft bis zur Brust einsinken liess, behagte ihnen ganz und gar nicht. Sie fingen an, im Team zu arbeiten. Einmal war es Hiccup, die die Spur legte, ab und zu lief Socca vorneweg. Nebst den gelegentlichen Spuren von Gämsen trafen sie vor allem auch auf Spuren von Zweibeinern. Diese hatten mal wieder allerlei Tricks auf Lager, um sich durch das Gelände zu manövrieren. Die Spuren verrieten, dass die Zweibeiner eine Art Schuh gebastelt hatten, der einer überdimensionalen Hinterpfote eines Schneehasen glich. Damit konnten sie durch die tief verschneite Landschaft laufen, ohne bis zur Hüfte im Schnee einzusinken. Hiccup und Socca versuchten, eine Weile auf solch einer Spur zu laufen. Es war jedoch ein unebenes und ungemütliches Laufen. Sie kamen nicht wie erhofft voran. Deshalb liessen sie bald von der Spur ab. Es ging nicht lange, da stiessen sie auf weitere verheissungsvolle Spuren. Wieder waren Menschen dafür verantwortlich. Dies konnten sie anhand des Geruchs feststellen. Die Spuren ähnelten endlos erscheinenden Parallelstrichen im Schnee, die in Zickzack-Manier den Pass hinaufführten. Die zwei Schwestern entschieden sich, den neuartigen Spuren zu folgen, obwohl diese nach Menschen rochen. Zu ihrer

Erleichterung sahen sie die Menschen in dieser Nacht nicht und kamen gut voran. Nach mehreren Stunden Marsch erreichten sie die Passhöhe. Von nun an stiessen sie in unbekanntes Gebiet vor.
Zwei Nächte nach der Überquerung des Passes fanden die Wolfsschwestern im Wald Spuren von einem Tier, dessen Geruch sie noch nicht kannten. Anhand des Geruches war es ein fleischfressender Vierbeiner. Gross war er auch. Dies verrieten die Spuren. Zudem sank dieses Tier im Schnee nicht ein, ganz im Gegenteil zu den Wölfinnen, obwohl auch ihre Pfoten nicht ganz ohne waren, um im Schnee voranzukommen. Das unbekannte Tier musste scheinbar ähnliche Pfoten haben wie die Schneehasen. Hiccup und Socca entschieden sich, der Fährte zu folgen. Sie führte sie an einen zugeschneiten Bach mitten im Wald. Kurz nachdem sie den zugefrorenen Bach überquert hatten, verrieten die Spuren, dass der Jäger auf einen Baum geklettert war. Warum er dies tat, konnten die Wölfinnen nicht erkennen. Es zeigte jedoch, dass dieser Jäger sogar auf Bäume klettern konnte. Das Komische an der ganzen Sache war, dass weder Hiccup noch Socca in den Spuren im Schnee Krallenabdrücke sehen konnten. Das Tier musste also die Fähigkeiten besitzen, seine Krallen einzuziehen. Die Bewunderung der beiden Wölfinnen gegenüber dem fremden Jäger stieg. Hiccup und Socca folgten der Spur, die vom Baum in Richtung einer nahen Schlucht führte. Vorsichtig stiegen die beiden Wölfinnen in die Schlucht hinein und erblickten kurz darauf den geheimnisvollen Jäger, als dieser sich am Rande der tiefen Schlucht den Bauch an einer erbeuteten Gämse vollschlug. Der Jäger hatte sie noch nicht gesehen und die zwei Wolfsschwestern pirschten sich vorsichtig an. Dabei konnte Hiccup den Fremden bestens beobachten. Dieser hatte ein graubraunes Fell, das mit vielen schwarzen Punkten übersät war. Der Schwanz war kurz und abgerundet, die Augen hypnotisch gross. Oberhalb der harzfarbigen Augen ragten grosse, spitze Ohren in die Höhe, an deren Ende sich steife, gebüschelte schwarze Härchen befanden. Dieser Jäger war eines der schönsten Tiere, die Hiccup bislang gesehen hatte. Schön oder nicht. Der gekonnte Jäger – es war ein Luchs – hatte eine Mahlzeit, die die Wölfinnen gerne auch haben wollten. Nun galt es zu zeigen, aus welchem Holz sie geschnitzt waren. Ohne zu zögern und wild entschlossen preschten Hiccup und Socca in Richtung Grosskatze. Als der Luchs die zwei anstürmenden Wolfsschwestern sah, überlegte er nicht lange und preschte davon. Hiccup war froh, dass Socca mit ihr unterwegs war. Allein gegen solch einen gut ausgerüsteten Jäger zu kämpfen, hätte gefährlich werden können. Doch der entschlossene Angriff zu zweit verfehlte seine Wirkung nicht

und hatte den gewünschten Effekt. Nach der Vertreibungsaktion des Luchses wartete eine leckere Mahlzeit, die sie in Sichtweite der Katze, die auf einen nahen Baum geklettert war, genüsslich vertilgten.
Hiccup und Socca hatten viel von ihren Eltern gelernt, das sie nun anwenden konnten. Da war die Furchtlosigkeit, die sie beim Vertreiben des Luchses gut hatten gebrauchen können. Dann auch die verschiedenen Jagdtechniken im Winter. Das Einzige, was ihnen Mühe bereitete, war, in unbekannten Gegenden gezielt die besten Jagdgebiete aufzusuchen. Ihre empfindlichen Nasen zeigten ihnen, wo es etwas zu holen gab. Im Gebiet schien es vor allem flinke Gämsen zu haben. Allzu viele gab es jedoch nicht. Spuren von Hirschen fanden sie kaum welche. So versuchten sie in den kommenden Tagen mehrmals Jagd auf flinke Gämsen zu machen, scheiterten aber mehrfach kläglich. In diesem tiefen Schnee waren sie nicht so flink auf den Pfoten wie die grosse Katze, der sie ihre Beute abgeluchst hatten. Nachdem die Wölfinnen die kommenden zehn Tage ohne eine erfolgreiche Jagd auskommen mussten, fing es an, prekär zu werden. Sie mussten bald etwas zwischen die Zähne bekommen, wollten sie ihre Expedition ins unbekannte Land überleben. Als Hiccup am Überlegen war, was zu tun war, entdeckte sie zwei Kolkraben am Himmel. Die Raben hatten die zwei Wolfsschwestern scheinbar auch schon entdeckt. Aufgeregt flogen die schwarzen Vögel auf Hiccup und Socca zu und im Tiefflug über ihre Köpfe hinweg. Es schien, als ob sie die Wölfinnen ein wenig ärgern wollten. Hiccup fand dies alles andere als lustig. Als einer der Raben zu einem weiteren Tiefflug ansetzte, wartete Hiccup gezielt ab, bis der Vogel über ihrem Kopf war. Dann sprang sie hoch und versuchte, den Raben aus der Luft zu holen. Vergeblich. Der Kolkrabe hatte Hiccups Sprung erahnt. Zwei-, dreimal wiederholte sich das Schauspiel und immer wieder kam der Rabe problemlos davon. Das Verhalten der beiden schwarzen Vögel war ungewöhnlich. Natürlich kannten beide Wölfinnen die grossen schwarzen Vögel seit ihrer Kindheit. Immer wieder tauchten diese bei ihnen rund um den Bau auf. Meistens stahlen sie ihnen einige Essensreste, was Hiccup immer sauer aufstiess. Auch kam es bei ihr nicht gut an, dass die Vögel ihren grossen, starken Schnabel einsetzten, um ihr, wenn sie nicht aufpasste, das eine oder andere Haar aus dem Schwanz zu zupfen. Sie waren listige, ab und zu lästige Geschöpfe, diese Vögel. Nachdem das Vogelpaar ein paar Mal über ihre Köpfe hinweggeflogen war, fing Hiccup an zu verstehen, dass diese zwei Vögel sie nicht ärgern, sondern ihnen etwas mitteilen wollten. Die Frage war nur was. Die zwei Wolfsschwestern legten sich gleichzeitig nieder und schauten fragend zu

den beiden Vögeln auf. Die Kolkraben hatten nun die volle Aufmerksamkeit der beiden Wölfinnen. Danach sahen die Wolfsschwestern, wie die beiden Vögel zielgerichtet in Richtung eines Lawinenhanges flatterten. Dort schien es zunächst so, als ob sie landen wollten. Kurz vor der Landung stiegen sie wieder in die Höhe und flogen zurück zu Hiccup und Socca. Dann flogen sie über deren Köpfe hinweg, kehrten um und flogen wieder zurück zum Lawinenhang. Als sie dort ankamen, landeten sie dieses Mal und hüpften aufgeregt hin und her. Dabei schrien sie fast ihren Hals aus. Jetzt verstanden Hiccup und Socca, was die Vögel wollten. Sie wollten, dass die Wölfe zu ihnen auf den Lawinenkegel kamen. Hiccup und Socca erhoben sich, schauten sich an und sprinteten los. Als sie beim Lawinenkegel angekommen waren, tasteten sie sich vorsichtig vor Richtung Raben. Sie trauten den Vögeln immer noch nicht ganz über den Weg. Als sich die Wolfsschwestern den Vögeln näherten, konnten sie auf einmal den Geruch von einer verstorbenen Gämse feststellen. Nun war alles klar. Die Vögel hatten sie absichtlich an diese Stelle gelockt. Nicht, dass die Kolkraben Mitleid gehabt hätten mit den hungrigen Wölfinnen. Nein, die Raben hatten die Wolfsschwestern aus eigenem Interesse angelockt. Aus den Schneemassen ragten nämlich zwei Hörner eines Gämsbockes, der in eine Lawine geraten war. Gerne hätten die Raben etwas vom Kadaver gefressen. Das Tier war aber zu weit unter den Schneemassen begraben und somit ausser Reichweite der schlauen Vögel. Sofort fingen Hiccup und Socca an, den Verunglückten auszugraben, bis der ganze Körper freigebuddelt war. Zum ersten Mal seit über zehn Tagen konnten Hiccup und Socca sich den Bauch vollschlagen. Auch die Raben kamen letztendlich auf ihre Rechnung, als die Wölfinnen sich nach einer Weile zu einem Verdauungsschlaf in den nahen Wald zurückzogen.
Nach drei Tagen war von der Gämse fast nichts mehr übrig. Des einen Leid ist des andern Freud. In diesem Fall waren die Glücklichen Hiccup, Socca und das kluge Rabenpaar. Nachdem der Gämsbock verspeist war, zogen die zwei Schwestern weiter gegen den Talboden. Einmal im Talboden angekommen, zogen sie einem Fluss entlang, bis sie auf mehrere Siedlungen von den Zweibeinern stiessen. Wie sie es von ihrem elterlichen Territorium her kannten, entdeckten sie auch hier, dass die Hirsche während den Wintermonaten in tiefere Lagen gezogen waren, und sich dabei in unmittelbarer Nähe der Dörfer aufhielten. Hier sollte es sich für den Rest des Winters leben lassen. Die beiden Schwestern hielten für einen kurzen Moment inne und schauten sich an. Socca wedelte verhalten ihren buschigen Schwanz. Hiccup realisierte, dass ihre Schwester es sich vor-

stellen konnte, in diesem Tal zu bleiben, um ihr Glück zu versuchen. Andere Wölfe hatten sie auf ihrem Ausflug bislang noch keine gesehen. Dafür hatten sie ältere Wolflosungen gefunden, die darauf hindeuteten, dass Wölfe ab und zu hier durchmarschierten. Darunter könnte eines Tages auch ein potenzieller Partner für Socca sein. Hiccup hingegen plagte ein wenig das Heimweh. Sie wollte zurück über den Pass zu ihren Eltern und den jungen Geschwistern gehen. Mit vollem Magen war dies eine gute Gelegenheit. Die beiden Schwestern hatten ihren Entschluss gefasst. Und so trennten sich an diesem Tag die Wege der beiden Schwestern, die seit über einem halben Jahren fast täglich zusammen gewesen waren.

Allen Widrigkeiten zum Trotz

Unerwarteter Besuch

Zwei Tage nachdem sich Hiccup und Socca getrennt hatten, erreichte Hiccup das elterliche Gebiet. Die Freude über die zurückkehrende Hiccup war bei ihrer Familie riesengross, vor allem bei den nun bald neun Monate alten Welpen.
Kurz nachdem Hiccup sich wieder mit ihrer Familie vereint hatte, tauchte eine weitere Wölfin auf. Eine, die Hiccup noch nie gesehen hatte. Gemäss dem Verhalten ihrer Mutter Biala, die die alte Wölfin freundlich und interessiert bei ihrer Ankunft beschnüffelte, konnte es nur eines bedeuten: Es war die Mutter von Biala, sprich ihre Grossmutter! Und tatsächlich. Biala hatte den Geruch ihrer Mutter sofort wiedererkannt und begrüsste Halbmond respektvoll. Ihr Besuch zu dieser Jahreszeit, das wusste Biala, war kein gutes Omen. Vor allem, als sie nach ausgiebigem Schnüffeln keinen Geruch von ihrem Vater Luf oder von sonst einem Verwandten im Fell ihrer Mutter erkennen konnte. Etwas musste geschehen sein. Etwas Dramatisches, etwas Einschneidendes. Die schrecklichen Details blieben vorerst das stumme Geheimnis ihrer Mutter.

Aus der Sicht von Halbmond lief alles wie erhofft. Nach der freundlichen Begrüssungszeremonie wusste sie, dass sie ein paar Tage bei ihrer Tochter und deren Familie bleiben durfte. Mit der Paarungszeit nur wenige Wochen entfernt, war es ihr jedoch genauso bewusst, dass sie nicht allzu lange von ihrer Tochter geduldet werden würde. Dies aus dem einfachen Grund, dass Bialas Partner Zop sich potenziell auch mit ihr paaren wollte. Solch ein Szenario war weder im Interesse von Biala noch im Sinne von Halbmond. Für den Moment jedoch war alles, was für Halbmond zählte, das Gefühl von familiärer Geborgenheit. Als die Wolfsgrossmutter sich unter einer Tanne neben ihrer Enkelin Hiccup zum Schlafen niedergelegt hatte, fing sie an zu träumen. In ihren Träumen tauchten Bilder von den guten alten Zeiten auf. Mitunter auch von ihrem Partner Luf. Ganze siebeneinhalb Jahre waren sie und Luf ein unzertrennliches Team gewesen. Insgesamt 47 Welpen hatten sie gemeinsam grossgezogen. Nebst den schönen Bildern von Biala und Luf durchlebte Halbmond in ihrem Traum noch einmal die Ereignisse des vergangenen Jahres in allen Einzelheiten. In ihrem Traum sah die alte Wölfin,

wie sie etwa ein Jahr zuvor mit ihrer Familie durch ihr angestammtes Gebiet lief. Mit von der Partie waren nebst Luf die zwanzig Monate alte Lawena und sechs achtmonatige Welpen, darunter eine Wölfin namens Buna Luna, die immer gute Laune zu haben schien. Halbmond und Luf hatten während dieser Zeit jedoch fast nur Augen für sich, während sie durch den neugefallenen Schnee liefen. Denn ihre achte gemeinsame Paarungssaison war in vollem Gang. Wie immer hatte sich Halbmond einige Tage und Wochen vor der Paarung aufgemacht, um potenzielle Wurfshöhlen zu inspizieren. Einige Bauten, die sie schon von vorigen Jahren her kannte und benutzt hatte, hatte sie unter dem Schnee herausgegraben, inspiziert oder ausgebessert. Während dieser Phase bis hin zur Geburt von neuen Welpen verabschiedeten sich wie üblich die meisten Jungwölfe von der Familie. So auch Halbmonds drei älteste Töchter. Die eine, Tuma, lief bis zur Rheinquelle und fand dort ihr Glück, während die anderen zwei nördlich vom Gebiet ihrer Eltern getrennt voneinander unterwegs waren. Letztendlich blieben nur noch Lawena und Buna Luna übrig, um ihren Eltern bei der Aufzucht der neuen Welpen zu helfen.

Wenige Tage nachdem Halbmond sechs Welpen zur Welt gebracht hatte, machte sich Luf zusammen mit Lawena bei einbrechender Nacht auf die Jagd, während Buna Luna bei ihrer Mutter beim Bau blieb. Luf nahm die Witterung eines Hirsches auf und folgte diesem mit Lawena dicht auf seinen Fersen. Die Jagd kam nahe einer Siedlung der Zweibeiner zustande. Bereits ein Jahr zuvor kam es zu einer ähnlichen Situation. Der Grund lag darin, dass vor allem trächtige Hirschkühe sich zu dieser Jahreszeit in dieser Gegend niederliessen, um ihre Kälber auf die Welt zu bringen. Nach einem langen Winter waren die saftigen, lang gezogenen Wiesen rund um das Dorf ein gefundenes und nötiges Fressen für die Paarhufer. Wie letztes Jahr verfolgte Luf auch dieses Jahr einen Hirsch bis in die Nähe des Dorfes. Im Gegensatz zum letzten Jahr, als Luf eine Hirschkuh erbeuten konnte, war er dieses Mal einem jungen Stier auf der Spur. Der Geruch des Hirschstieres hatte ihm verraten, dass dieser kränkelte. Als der Hirschstier die Wölfe kommen sah, wusste er, dass er in grossen Schwierigkeiten war. Der Stier rannte kurzerhand in Richtung der menschlichen Siedlung. Er spekulierte, dass seine Verfolger die Siedlungen der Zweibeiner meiden würden. Ein zweiter Vorteil sah der Hirsch in seiner Strategie im Bach, der direkt am Dorf vorbeifloss. Im Bachbett selbst gab es einige tiefere Stellen, wo er mit seinen langen Beinen im Vorteil gegenüber den Wölfen war. So preschte er in das kühle Nass und wartete ab, was die Wölfe, die ihn bis dahin verfolgt hatten, tun würden. Die Wölfe zögerten keine Sekunde und stürzten sich kopfvoran ins Wasser. Als der Hirschstier dies bemerkte, versuchte er mit ein paar gezielten Huftritten, die Wölfe aus dem Wasser zu vertreiben. Wassertropfen spritzten in alle Richtungen. Luf und Lawena waren ein gut eingespieltes Team. Während sich Luf dem Hirsch frontal stellte, schwamm Lawena um den Stier herum und griff ihn von hinten an. Als der Hirsch sich umdrehen wollte, nutzte Luf die kurze Unaufmerksamkeit und sprang dem Hirsch an den Hals. Dieser reagierte und versuchte, den Wolf abzuschütteln. Es gelang ihm und Luf wurde durch die Luft geschleudert. Der Wolfsvater landete rückwärts im Wasser. Der Hirsch konnte sich jedoch nicht ausruhen. Denn kurz nachdem er Luf erfolgreich abgeschüttelt hatte, packte ihn Lawena am hinteren Lauf. Wiederum drehte sich der Hirsch um und versuchte, die Jungwölfin abzuschütteln. Lawena blieb jedoch hartnäckig. Also versuchte der Hirsch mit dem Wolf am Lauf in tieferes Wasser zu gelangen. Da tauchte Luf wieder auf und verbiss sich in der Schnauze des Geweihträgers. Letztendlich musste der Stier aufgeben und kollabierte. Der Kampf hatte nur wenige Minuten gedauert. Aus der Sicht von Luf und Lawena gab es nur einen einzigen Nachteil an diesem hart errungenen Sieg. Der entscheidende Angriff passierte, als der Tag sich bereits angekündigt hatte. Bald waren Zweibeiner im Morgengrauen unterwegs und es war nur eine Frage der Zeit, bis sie entdeckt wurden. Luf und seine Tochter schluckten so viel vom leckeren Hirschfleisch, wie sie nur konnten und machten sich mit vollem Magen auf den Weg zurück zum Rest der Familie. Als Vater und Tochter bei Halbmond ankamen, stürzte Halbmond wie vom Blitz getroffen aus dem Bau, als sie die beiden erfolgreichen Jäger kommen hörte. Zuerst bedrängte Halbmond ihren Partner Luf. Dieser würgte sofort vorverdaute Nahrung hervor und machte ein paar Schritte zur Seite. Hungrig stürzte sich Halbmond darauf und frass innert Sekunden alles auf. Dann erblickte Halbmond ihre Tochter Lawena und stürmte auf sie zu. Als ob sie ein Welpe wäre, machte sie sich vor ihrer Tochter klein und leckte ihr gleichzeitig heftig an der Schnauze. Dies bewirkte, dass Lawena frisches Hirschfleisch für ihre Mutter hervorwürgte. Buna Luna entging das muntere Treiben nicht. Doch sie hielt sich zurück und liess ihrer Mutter den Vorrang beim Verzehr der Mahlzeiten. Halbmond brauchte das Fleisch mehr als sie, um genügend Milch für die Welpen zu produzieren. Zudem wusste Buna Luna, dass sie nur der Duftspur ihres Vaters und ihrer Schwester folgen musste, um selbst zum erbeuteten Hirsch zu gelangen. Dies war auch Halbmond bewusst. Da sie immer noch grossen Hunger hatte, entschied sie sich, zusammen mit Buna Luna bei Einbruch der Dunkelheit der Geruchsspur von Luf und Lawena zurück zum erbeuteten Hirsch zu folgen. Halbmond schaute ein letztes Mal zurück, bevor sie beim Eindunkeln davon marschierte. Sie sah, wie Luf es sich unter einer grossen Tanne nahe dem Bau gemütlich gemacht hatte, während die gute Lawena sich direkt vor dem Höhleneingang niedergelegt hatte. Der Anblick der beiden Wächter beruhigte Halbmond und sie wusste, dass ihre Welpen gut beschützt waren. Hungrig zogen Halbmond und Buna Luna von dannen.

Ein fast voller, glanzvoll scheinender Vollmond tauchte über dem «Felsen-Springwolf» auf und erhellte das ganze Tal. Das Mondlicht weckte in Luf das Verlangen, nach den Welpen zu sehen. Er stand auf und bahnte sich seinen Weg zum Bau. Dort angekommen umkurvte er Lawena und steckte schwanzwedelnd seinen Kopf in die Höhle hinein. Von der Höhle her kam kein Mucks. Scheinbar waren die Welpen alle friedlich am Schlafen. Gut gelaunt kehrte er um und wollte wieder zurückgehen zum Schlafplatz unter der Tanne. Doch noch am Eingang stehend nahm er Menschengeruch wahr und erstarrte schlagartig. Noch bevor er ein Warnsignal von sich geben konnte, ertönte ein dumpfer Knall. Luf wurde zurückgeworfen und landete kopfvoran in der Wurfshöhle. Als Lawena dies sah, sprang sie sofort auf und versuchte zu verstehen, was gerade passiert war. Nun roch auch sie den starken Menschengeruch. Sie wäre gerne in die Höhle geflüchtet, doch der Körper ihres Vaters versperrte ihr den Weg. So hüpfte sie über den Körper von Luf hinweg und rannte, so schnell sie konnte, zwischen einigen grossen Steinen ins nahe Gestrüpp. Als sie in Deckung war, fing sie an, wie wild mit einer Art Gemisch aus Heulen und Bellen Alarm zu schlagen. Sie wusste nicht, was sie sonst tun konnte. Zwei Zweibeiner traten unterdessen aus dem Wald und liefen gegen den Bau. Einer trug einen rauchenden Donnerstock, der andere ein stark leuchtendes Ding in der Hand. Unter der Erde hatten die Welpen den Knall wahrgenommen und sahen kurz darauf, wie ihr Vater halbwegs in den Bau fiel. Die Welpen rannten zu ihrem Vater, stupsten ihn an und leckten seine Schnauze. Zur grossen Freude der Welpen gab Luf ein Lebenszeichen von sich. Er öffnete seine Augen, gab ein leichtes Winseln von sich und schien Freude zu haben, seine Welpen um sich herum zu sehen. Dann ertönte ein weiterer dumpfer Knall. Lufs Körper wurde durchgeschüttelt und sein Körper versteifte sich. Kurz darauf sahen die geschockten Welpen, wie ihr Vater von einem zweibeinigen Monster aus der Höhle gezogen wurde. Das Nächste, was die Wolfsjungen sahen, war, wie ein Lichtkegel auf den Höhlenboden schien und wie sich in dessen Licht die Hand eines Zweibeiners wie eine Schlange in den Bau zwängte. Die Hand tastete den Boden ab, bis sie einen der Welpen erwischt hatte. Laut jaulend wurde dieser am Nacken gepackt und hinausgezogen. Der Welpe versuchte, in die Hand zu beissen, und trampelte wie wild hin und her. Vergeblich. Als der Welpe ins Freie gezogen war, übergab der eine Mann den Welpen dem anderen. Dieser erwürgte den

Welpen kaltblütig mit blossen Händen und packte ihn danach in einen Rucksack. Währenddessen hatten sich die verbliebenen Jungen so weit wie möglich in die Höhle zurückgezogen. Wieder drang die grausame Hand in den Bau ein. Verzweifelt versuchten die Wolfsjungen, der mörderischen Hand auszuweichen. Erfolglos. Ein Welpe nach dem anderen wurde aus der Höhle gezogen. Als die Hand sich ein letztes Mal in die Höhle vorwagte, verkroch sich der letzte verbliebene Welpe in einer ganz kleinen Spalte zuhinterst im Bau. Die Hand tappte unkoordiniert um sich und verfehlte den jungen Wolf mehrmals ganz knapp. Der Mann war sich sicher, dass der Bau nun leer war. Derweilen wurde das starke Heulen und Bellen von Lawena so ungemütlich laut, dass die Wilderer fürchteten, das Geheul möge zu grosse Aufmerksamkeit auf ihr verbrecherisches Handeln ziehen. Schnell packte der mit dem Gewehr geschulterte Mann den letzten leblosen Fellknäuel in seinen Rucksack, während der andere den blutenden Luf auf seine Schultern hob. Dann verschwanden sie lautlos von dort, wo sie gekommen waren.

Halbmond und Buna Luna kehrten keine Stunde später zur Höhle zurück. Beide hatten entdecken müssen, dass der Hirschstier, den Luf und Lawena erbeutet hatten, von den Zweibeinern abtransportiert worden war. Die beiden Wölfinnen waren hungriger als noch bei Einbruch der Nacht. Kurz bevor die Wölfinnen beim Bau ankamen, fing Halbmond an, Richtung Wurfshöhle zu spurten. Sie konnte es nicht erwarten, ihre Familienmitglieder zu begrüssen. Als Halbmond auf den Höhleneingang zugerast kam, blieb sie auf einmal abrupt stehen, als ob sie gegen eine unsichtbare Wand gelaufen wäre. Da war ein starker Geruch von Zweibeinern. Halbmond nährte sich mit gesträubten Nackenhaaren vorsichtig dem Bau. Kurz darauf folgte Buna Luna und entdeckte eine blutige Schleifspur, die vom Bau wegführte. In diesem Moment rannte Lawena um die Ecke und lief direkt zum Höhleneingang. Dort wartete sie regungslos, bis ihre Mutter nähertrat. Lawena war froh, ihre Mutter und Schwester zu sehen. Halbmond fing ihrerseits an, aufmerksam den Boden zu beschnüffeln. Dabei erkannte sie, dass das Blut am Boden von Luf stammte. Zutiefst besorgt trat sie an ihrer Tochter vorbei und verschwand kurz unter der Erde, während Buna Luna und Lawena am Eingang stehen blieben und in die Höhle hineinhorchten. Ein paar Sekunden später kehrte Halbmond zurück an die Oberfläche. Sie lief aufgeregt hin und her, versuchte mit der Nase herauszufinden, was genau passiert war. Buna Luna half ihr dabei, während Lawena sich vor dem Höhleneingang niedersetzte und einen tiefen Seufzer von sich gab. Sie wusste, dass alles Suchen nichts mehr nützen würde. Halbmond und Buna Luna wussten aber immer noch nicht, was passiert war, und ob einige der Welpen oder sogar Luf noch am Leben waren. Ihre Suche führte sie in Richtung einer Forststrasse. Als die Spur heisser wurde, verlangsamten die beiden Wölfinnen ihre Schritte. Bald vernahmen sie von einer nahen Lichtung her Stimmen von Menschen. Vorsichtig näherten sich Halbmond und Buna Luna dem Waldrand. Was sie zwischen den Zweigen im Vollmondlicht sahen, entsetzte sie zutiefst. Zwei Männer standen mit einem rauchenden Glimmstängel im Mund neben ihrer Blechkarre, während der blutende Luf neben ihnen auf dem Boden lag. Beim Anblick ihres vertrauten Lufs verlor Halbmond alle Vorsicht und trat bellend und heulend aus dem Wald in der Hoffnung, die Zweibeiner zu vertreiben. Die Männer erschraken tatsächlich. Doch statt zu fliehen, griff einer der beiden nach seiner Flinte und schoss eine Ladung Schrot in die Richtung von Halbmond. Jaulend wich Halbmond zurück und verschwand im Wald. Zum zweiten Mal in ihrem Leben war sie von einem Menschen angeschossen worden. Das erste Mal verursachte eine Kugel bei ihr ihre Narbe am Vorderlauf. Dieses Mal drangen ein paar kleine, runde Kügelchen in ihrem Körper und blieben dort für den Rest ihres Lebens. Zum Glück verursachten die wenigen Kugeln, die in Halbmond eindrangen, keinen grösseren Schaden, ausser einigen, für eine Wölfin von Halbmonds Kaliber, gut erträgliche Schmerzen. Weitaus schmerzhafter war es für Halbmond, realisiert zu haben, dass sie ihren Luf für immer an die wildernden Zweibeiner verloren hatte. Denn kurz nachdem Halbmond sich mit Buna Luna wieder vereint hatte, luden die Männer den toten Luf ins Auto und rasten davon.

Die zwei Wölfinnen kehrten mit tief hängenden Köpfen zur Wurfshöhle zurück. Dort angekommen kroch Buna Luna unter die Erde. Ihre Mutter stand wie versteinert neben dem Höhleneingang. Ein wenig Blut floss aus ihren frischen Wunden. Halbmond beachtete dies nicht. Ihr Blick war leer. Auf einmal hörte sie ein leises Winseln unter der Erde. Sofort kroch Halbmond in den Bau hinein und arbeitete sich bis zur Hauptkammer der Höhle vor. Buna Luna machte sofort ihrer Mutter Platz und kehrte an die Erdoberfläche zurück, während Halbmond mit grosser Erleichterung den einzigen Welpen, der das Verbrechen überlebt hatte, fand. Behutsam nahm sie den Welpen ins Maul und setzte ihn vor sich hin. Dann legte Halbmond sich neben ihn nieder und fing an, den Welpen intensiv und über lange Zeit zu lecken. Danach blieb sie mit dem Welpen für geschlagene vier Stunden in der Höhle, ohne sich zu bewegen, während der Welpe neben ihr einschlief.

Als Halbmond siebeneinhalb Monate nach diesen schrecklichen Ereignissen bei der Familie ihrer Tochter Biala aus ihrem bösen Traum erwachte, blickte sie zunächst erschrocken um sich. Die Bilder in ihrem Traum kreierten einen enormen Schmerz in ihrer Brust. Denn sie erinnerte sich in diesem Augenblick daran, dass es nicht nur ein Traum gewesen war, sondern schmerzhafte, reale Vergangenheit. Die Wahrheit war, dass der Verlust der Welpen und Luf nicht das Ende der grausamen Geschichte war. Im Verlauf des Jahres und bevor Halbmond allein bei ihrer Tochter Biala aufgetaucht war, hatte sie nicht nur fast all ihre Welpen und ihren Partner Luf verloren, sondern auch die einzigen Überlebenden von diesem schrecklichen Jahr. Kurz nach dem grausamen Akt der Wilderei verliess Lawena tief traumatisiert das Gebiet auf Nimmerwiedersehen. Einige Monate später, kurz bevor das Jahr zu Ende ging, kam Halbmonds jüngster Sohn, der einzige überlebende Welpe, unter ein Auto und starb. Keine zwölf Tage später erlitt ihre geliebte Tochter Buna Luna das gleiche Schicksal an fast der gleichen Stelle. Halbmond hatte alles verloren, was ihr lieb war. Alles. Aus purer Verzweiflung besuchte sie danach ihre Tochter Biala und deren Familie. Als diese sie wohlwollend aufnahmen, gab es Halbmond den nötigen Halt, den sie in diesem Moment so dringend brauchte.

Leben und leben lassen

Als die Paarungszeit bei Biala und Zop gegen den Höhepunkt zulief, fing Biala an, stärkeres Dominanzverhalten gegenüber ihrer ältesten Tochter Hiccup und sogar gegenüber ihrer Mutter Halbmond zu zeigen. Während es Halbmond eher gelassen hinnahm – sie hatte keine Ambitionen, sich mit Zop zu paaren –, war Hiccup verwirrt. Warum verhielt sich ihre Mutter ihr gegenüber so aggressiv? War sie doch erst von ihrer längeren Reise über den Pass nach Hause zurückgekehrt. Immer wieder zeigte sie ihre Unterwürfigkeit und wurde trotzdem von ihrer Mutter, die mit hoch angelegter Rute gegen sie kam, angegangen und zu Boden gedrückt. Hiccup verstand, dass sie gut beraten war, die Familie erneut zu verlassen, wenigstens während der Paarungszeit. Und so zog sie davon. Dabei wurde sie von einer jungen Schwester begleitet. Beide zogen zusammen Richtung Süden ins Tal des Lichts.

Wenige Tage nachdem die zwei Jungwölfinnen die Familie verlassen hatten, entschied sich auch ihre Grossmutter, Bialas Familie vorläufig zu verlassen. Halbmond lief an ihrer Tochter Biala vorbei, stand still und schaute gutmütig zu ihr hin. Diese erwiderte den Blick von ihrer Mutter mit leicht wedelnder Rute und liebevoller Miene. Sie ahnte, was folgen würde. Halbmond kehrte um und machte sich von dannen. Der Plan von Halbmond war, zurück in ihr angestammtes Revier zu gehen und vielleicht später im Frühsommer, wenn Biala ihre Welpen geboren hatte, wieder zurückzukehren, um zu schauen, wie es ihnen allen geht.

Als Halbmond ihre Tochter und deren Familie verliess, war sie, in Wolfsjahren gemessen, bereits ein Greis. Knappe zehn Jahre alt. Fast hätte sie es geschafft, eine Grossfamilie im Herzen der Alpen aufzubauen und bis zu ihrem Lebensende zu führen. Als der grausame Akt der Zweibeiner vollzogen wurde, hatte sie ihren achten Wurf. Zwei, drei Würfe wären noch drin gelegen. Danach hätte eine Tochter oder ein Sohn von ihr das Gebiet übernehmen und weiterführen können. Nun aber war das «Springwolf»-Gebiet leer.

Während Halbmond in Richtung ihres angestammten Gebietes zog, wurde ihr schmerzhaft bewusst, dass sie zum zweiten Mal in ihrem Leben gänzlich allein war. Beim ersten Mal war dies der Fall, als sie innert kürzester Zeit ihre Eltern und Geschwister verloren hatte. Nun, neun Jahre später, war sie wieder allein. Der Unterschied zum ersten Mal war, dass sie ihre unbändige Lebenslust fast verloren hatte. Mit tief hängendem Kopf lief Halbmond in den folgenden Tagen und Wochen mehr oder weniger planlos durch die Gegend. Die Paarungszeit kam und ging. Halbmond verspürte keinen Drang, nach einem Ersatz für Luf ausschauzuhalten. Ein Problem des Alleinseins konnte Halbmond nicht übersehen. Ihre Glieder schmerzten öfter, als ihr lieb war. Ihre Zähne waren abgenutzt. Jedoch nicht so sehr, dass sie nicht mehr hätte jagen können. Und erfolgreich jagen musste sie, wollte sie überleben. Dies war für eine so alte Wölfin wie sie, die obendrauf noch allein unterwegs war, alles andere als einfach. Sie musste in dieser ungemein schwierigen Lage, in der sie sich befand, all ihr Können, all ihre Intelligenz einsetzen, um überleben zu können. Intelligenz und Erfahrung ersetzten die Schnelligkeit und Kraft, die über die Jahre bei ihr nachgelassen hatten. Halbmond wusste, dass sie zu dieser Jahreszeit vor allem Rehe in der Talsohle jagen musste, um zu überleben. Es gab aber auch andere Nahrungsressourcen für eine alte Wölfin wie sie. Zum einen waren da die Bahngleise. Wie oft hatte sie in der Vergangenheit schon totgefahrene Hasen, Rehe, Hirsche oder sogar Vögel neben den Gleisen entdeckt. Somit wanderte sie oft den Gleisen entlang, um auf verunglückte Tiere zu treffen und so einfache Nahrung zu ergattern. Diese Taktik barg natürlich die Gefahr, dass sie eines Tages selbst unter den Zug kommen könnte. Dies war ihr durchaus bewusst. Deshalb verweilte sie nur so lange wie nötig auf und rund um die Gleise. In all den Jahren hatte Halbmond, wie kein anderes Wesen der Region, nicht nur die grössten Gefahrenherde erkannt, sondern sie hatte auch die Rhythmen der Natur und der Wildtiere verinnerlicht. Halbmond wusste fast auf den Tag genau, welche potenziellen Beutetiere sich wo aufhielten. Da gab es zum Beispiel einen Ort, wo im Januar viele Fische in einem seichten Seitenarm des Rheins zu finden waren. Nicht weit davon entfernt lebten Biber. Auch die Nager waren eine potenzielle Mahlzeit, sollte sich die Gelegenheit ergeben. Und bevor die letzten Schneereste in der Frühlingssonne schmolzen, balzten die Birkhähne um die Wette und vergassen dabei ab und zu ihre sonst so achtsame Natur. Halbmond nutzte all diese Möglichkeiten, um über die Runden zu kommen. Trotz aller Intelligenz, dem grossen Naturwissen und all den erfolgreichen Jagden wusste die alte Wölfin, dass sie nicht ewig so weitermachen konnte. Für den Moment musste es aber reichen.

Während Halbmond sich so durchschlug, waren ihre Tochter Biala und ihr Partner Zop an einem frühen Morgen mit zwei ihrer Jungen aus dem letzten Wurf unterwegs in Richtung Wurfshöhle. Sie liefen zielorientiert voran und benutzten einen Pfad, der sie zunächst vom Rhein in ein spärlich bewohntes, zwölf Kilometer langes Seitental führte. Der Weg führte sie geländebedingt nahe an einem kleinen 35-Seelen-Dorf vorbei. Unglücklicherweise sichtete ein Mensch die vier Wölfe, als diese nahe dem Dorf eine Wiese durchquerten. Der Mensch, es war eine Frau, fing an, laut und ohne Ende zu schreien. Die der Hysterie nahekommende Stimme beunruhigte die zwei jungen Wölfe ein wenig, liess jedoch Biala und Zop kalt. Beide liefen zielorientiert weiter. Erst nachdem das laute Geschrei fast unerträglich wurde, gingen sie in einen leichten Trott über. Zop, Biala und Co. interessierten sich weder für die sich hinter der Stalltür befindenden Schafe noch für den schreienden Menschen noch für sonst etwas im Dorf der Zweibeiner. Stattdessen hatte Biala nur eines im Kopf, nämlich zielgerichtet weiterzuziehen bis zur Wurfshöhle, weit weg von den Zweibeinern. Sie wollte die gleiche Höhle benutzen wie letztes Jahr, um ihre Jungen zur Welt zu bringen. Zu gut hatte sich dieser Ort bei der letzten Welpensaison bewährt.

Ein paar Wochen später gebar Biala acht gesunde Welpen. Mit so viel Nachwuchs war Zop mehr als froh, dass er von zwei Einjährigen bei der Jagd und Welpenaufzucht unterstützt wurde. Es galt im Verlauf der kommenden Welpensaison viele Mäuler zu stopfen. Zudem tauchte in sporadischen Abständen immer wieder Halbmond auf, um nach den Welpen zu sehen. Ihre Hilfe war wertvoll und stets willkommen.

Während des Sommers füllte sich das Kerngebiet von Zops Wolfsfamilie mit dem Bimmeln von unzähligen Kuhglocken. Dies war nicht verwunderlich. Denn schliesslich umgaben drei grosse Kuhalpen das Gebiet, in dem Zop und Biala ihre Welpen aufziehen wollten.

Das emsige Treiben der Gehörnten und von ihren Besitzern brachte Zop und Biala nicht aus der Ruhe. Schliesslich hatte es vor einem Jahr sehr gut geklappt und so waren sie überzeugt, dass sie und ihre Welpen in ihrem Rückzugsgebiet sicher waren. Als Zop von einer nächtlichen Jagd eines frühen Morgens zurückkehrte, sah er seine Welpen ausserhalb des Baus. Da lagen sie nun in einem Haufen. Der Kopf des eines Jungen auf den Bauch des anderen. Das Hinterteil des einen Fellknäuels unter dem Bauch eines anderen vergraben. Die Pfoten des einen auf der Schnauze des anderen. Wolfsmutter Biala lag nicht weit davon entfernt unter der Tanne im Schatten. Sie konnte nicht nur auf Zop vertrauen, sondern auch auf das Teamwork ihrer ganzen Familie, samt einem einjährigen Weibchen namens Stripe und dem gleichaltrigen Einauge. Während Stripe zwei auffällige schwarze Streifen auf ihren Vorderläufen hatte, war Einauge seit seiner Geburt auf einem Auge blind. Dieses blinde Auge hinderte den jungen Wolf nicht daran, ein solider Jäger zu sein. Und die Welpen liebten ihn besonders, weil sie sich von der rechten Seite her heranpirschen konnten, ohne, dass er sie visuell wahrnahm. Immer und immer wieder erschreckten sie den armen halb blinden Wolf. Einauge nahm es den kleinen Dreikäsehochs jedoch nie übel. Im Gegenteil, er war nach dem ersten Schreck immer erfreut von der Aufmerksamkeit, die die Welpen ihm schenkten.

Da es viele Kühe und einige Zweibeiner rund um das Wurfsgebiet gab, wussten die adulten Wölfe, dass es unklug war, in unmittelbarer Nähe ihrer Jungmannschaft zu jagen. Sie setzten auf den über Jahrtausende erprobten und gut bewährten Burgfrieden. Ein Riss nahe bei den Welpen würde zu viel Unruhe reinbringen und nebst Mensch oder Fuchs vielleicht sogar einen Luchs oder einen durchziehenden Fremdwolf anziehen. Und Zop selbst hatte seine Begegnung mit dem Bären nicht vergessen, obwohl er den Braunen seither nie mehr gesehen hatte. All diese Extragefahr für ihre Sprösslinge, ob nun in Form eines Menschen, Fuchses, Luchses oder Bärs, wollten Zop und Biala möglichst meiden. Deshalb wurde der Burgfrieden, wann immer es ging, eingehalten. Trotzdem konnten die Wölfe nicht verhindern, nahe einigen Behausungen der Zweibeiner vorbeizugehen. Da war vor allem eine Mutterkuhhirtin, die auf das lokale Vieh aufpasste. Diese schien ihre Präsenz jedoch relativ gelassen zu nehmen, was ermutigend war. Die Wölfe versuchten, so unauffällig wie möglich, an der Hütte der Hirtin vorbeizugehen. Am besten ging dies bei Einbruch der Nacht oder knapp vor Sonnenaufgang. Bei dichtem Nebel konnten die Wölfe es auch bei Tageslicht riskieren. Natürlich gab es auch Tage, wo sie zu «spät» nach Hause kamen und somit von der Hirtin gesichtet wurden. Die Mutterkühe reagierten relativ gelassen auf die Wölfe, solange diese kein Interesse an ihren Kälbern zeigten. Sollte aber ein Wolf stehen bleiben und allzu grosses Interesse an einem Kalb zeigen, alarmierte dies die Kühe und sie kamen in geschlossener Formation und lautem Muhen angetrabt. Das entschlossene Auftreten der Mutterkühe reichte, um die Wölfe zu verjagen. Weil die Wölfe auf Burgfrieden hofften und die Kühe rundherum in guter Verfassung und gut beaufsichtigt waren, klappte alles vorzüglich und es gab keinen Zwischenfall. Die Mutterkuhhirtin traute trotz allem dem Burgfrieden nicht so recht. Ein kränkelndes Kalb stellte ein erhöhtes Risiko dar. Burgfrieden hin oder her. Das wusste die schlaue Hirtin. Deshalb versuchte sie verschiedene Techniken, um die Wölfe ein wenig zu irritieren, wie es Einauge und Stripe eines

Nachts bemerken sollten. In der besagten Nacht liefen die zwei Jungwölfe wie immer an der Kuhweide vorbei und entdeckten inmitten des Feldes ein Zelt. Neben dem Zelt ein loderndes Feuer unter freiem Himmel. Die zwei Jährlinge wollten der Sache ein wenig auf den Grund gehen und nährten sich im Schutze der Nacht neugierig dem Zelt und Feuer bis auf wenige Meter. Da sie sich im lauen Gegenwind anschlichen, stieg ihnen der Rauch direkt in die Nase. Und ins gesunde Auge von Einauge! Ein wenig vom Rauch vernebelt, stolperte der Halbblinde in seine Schwester. Diese gab ein leises Knurren von sich, um ihren Bruder auf Distanz zu halten. Dieses leise Knurren wurde von dem hinter dem Zelt liegenden Hirtenhund wahrgenommen. Damit hatten die zwei Jungwölfe nicht gerechnet. Einer ihrer domestizierten Verwandten lag zwischen Zelt und Feuer und schoss laut bellend auf sie zu. Da der Hund angebunden war, riss er die Hundeleine und einiges Geschirr, das neben dem Feuer lag, mit sich und verursachte einen Höllenlärm. Die Hirtin erwachte schlagartig und kroch so schnell es ging mit einer Taschenlampe in der Hand aus dem Zelt. Dieses Chaos war den zwei Jährlingen zu viel und mit eingezogenem Schwanz machten sie sich in grossen Sätzen davon. Von da an machten sie einen grossen Bogen um diese spezifische Kuhweide. Das beidseitige Credo «leben und leben lassen» funktionierte vorzüglich.

Von solch einem friedlichen Zusammenleben mit den Zweibeinern, wie es bei Zop und Biala der Fall war, konnte Papillon, der mit seiner Doppelmond eine Grossfamilie am Aufbauen war, nur träumen. Dabei hatten er und seine Partnerin einige Monate zuvor einen Traumstart hingelegt.
Es war Mitte Mai, als Papillon von einer erfolgreichen Rehjagd im Morgengrauen auf dem Weg nach Hause war. Dort wartete auf ihn eine Überraschung. Als er bei Doppelmond ankam, erblickte er seine Partnerin in der Mulde zwischen den Steinen seitwärts auf dem mit Moos bedeckten Boden liegen. Dicht an ihren Bauch geschmiegt lagen neugeborene Welpen. Doppelmond hob den Kopf, als sie ihren Partner kommen sah und schaute ihn mit grossen Augen an. Der frischgebackene Wolfsvater schwänzelte aufgeregt und winselte vor Freude. Als er nähertrat, fing er an, jeden einzelnen der am Boden liegenden Welpen intensiv zu beschnuppern und zu belecken. Die hellste und schönste Maisonne hätte nicht heller strahlen können, als sein Herz es in diesem Moment tat. Sein Herz strahlte noch ein wenig heller, als Papillon realisierte, wie viele Welpen es waren. Vor ihm verstreut lagen insgesamt neun neugeborene Wölfe. Neun! Darauf war er nicht vorbereitet. Er schaute mit ungläubiger Miene

zu Doppelmond. Die neun Welpen waren ein Ausdruck der Vitalität und Gesundheit seiner Auserwählten.
Die anfängliche Freude legte sich, nachdem sich Papillon nach gründlichem Beschnuppern und Belecken aller neun Welpen in Sichtweite von Doppelmond unter einer grossen Rottanne zum Ruhen niederlegt hatte. Während er da so lag, den Kopf auf die Vorderläufe gestützt, wunderte er sich, wie er neun Welpen über die Runden bringen konnte, ohne die Mithilfe eines Babysitters. Die Sorgen, die diese Vorstellung Papillon bereiteten, begleiteten ihn in seinem Schlaf. Erst da machten sie Platz für schönere Gedanken.

Vatersein

Die ersten Wochen nach der Geburt verliefen besser, als Papillon es erwartet hatte. Der Standort des Wurfortes, den Doppelmond ausgewählt hatte, war perfekt. Leicht zu erbeutende, ungeschützte Schafe gab es keine in unmittelbarer Nähe. Doppelmond hatte nämlich ihren Wurfsort um die 25 Kilometer nordöstlich der grossen Schafsalp, die sie aus der Vergangenheit kannten, gewählt. Dies war sogar für Papillon zu weit weg, um tagtäglich hin und her zu wandern. Papillon schmeckte Hirschfleisch sowieso am besten. So liess er die dortigen Schafe in Ruhe und jagte lieber im nördlichen Teil seines Territoriums Hirschkälber. Immer wieder gelang es ihm, eines hier, ein anderes dort zu erbeuten. Und jedes Mal, wenn er mit dickem Bauch zu seiner Familie zurückkehrte, rannte Doppelmond ihm enthusiastisch entgegen. Dann leckte sie seinen Mund und forderte ihn so zum Hervorwürgen von Frischfleisch auf. Nach getaner Pflicht beschnupperte Papillon seine neun Welpen, um sicherzugehen, dass es ihnen gut geht, und legte sich dann irgendwo unter einer Tanne nieder. Richtig schlafen konnte er selten. Zu oft stürmte die Jungschar heran und wollte mit ihm spielen. So gerne Papillon spielen wollte, war er oft einfach von den anstrengenden Jagden zu müde und ausgelaugt. Papillons Taktik bestand dann darin, aufzustehen, sich die Kleinen vom Leib zu schütteln und sich an einem anderen Ort niederzulegen in der Hoffnung, er würde in Ruhe gelassen werden. Dies klappte fast nie. Denn die kleinen Plagegeister spürten ihn innert Minuten wieder auf. Wenn das passierte, wendete er eine andere, für ihn schmerzhaftere Taktik an. Er blieb einfach liegen und biss auf die Zähne, um die «Tortur» der Kleinen über sich ergehen zu lassen. Und auf die Zähne musste er oft und hart beissen, um nicht aufzujaulen. Eine Lieblingsbeschäftigung der Welpen war nämlich am Schwanz ihres Papas zu rupfen, als ob es ein Rehkitz wäre. Ab und zu kam Doppelmond ihrem Partner zu Hilfe und offerierte den Kleinen ihre Muttermilch. Erst dann konnte er richtig gut schlafen.

Es war ungefähr Mitte Juni, als Papillon auf der Jagd in einem wildreichen Revier unterwegs war und Doppelmond anfing, selbst kurze Jagdausflüge zu machen. Während sie weg war, nutzten die Welpen die Narrenfreiheit und spielten noch ausgiebiger miteinander, als es sonst schon der Fall war. Eines Nachts bei einem solchen Ausflug stiess Doppelmond ein Kilometer vom Standort der Welpen auf eine von einem Zaun umgebene Ziegenherde. Doppelmond machte ein paar Schritte Richtung Zaun. Als sie mit ihrem Gesicht zu nahe an den Zaun kam, zwickte es ihr gehörig in die

Nase. Es war ein elektrifizierter Zaun, eine Erfindung der Menschen. Jaulend schreckte Doppelmond zurück. Der Elektrozaun war gut abgesteckt und schien eine unüberwindbare Barriere zu sein. Im Prinzip hätte sie locker darüber springen können. Doch wenn es nur schon zwickt, wenn man mit der Nase zu nahekommt, was passiert, wenn man darüber springen will? Doppelmond wollte es nicht auf schmerzhafte Weise herausfinden und entschied sich, die Ziegen links liegen zu lassen. Gerade als sie gehen wollte, tauchte Papillon auf. Als er zu ihr aufschloss, bettelte Doppelmond vehement um Futter. Papillon konnte wie immer nicht widerstehen und würgte seiner Partnerin einen ordentlichen Happen hervor. Mit Genuss vertilgte Doppelmond das Hirschfleisch. Gerne hätte sie mehr gehabt. Denn sie brauchte so viel Protein wie möglich, um genug Milch für die vielen Welpen produzieren zu können. Zudem war es bald an der Zeit, dass die Welpen gänzlich von Milch auf Fleisch umsteigen würden. Sie alle würden bald viel mehr Fleisch brauchen. Mit diesen Gedanken im Kopf schaute Doppelmond über ihre Schultern ins Ziegengehege. Wenn doch nur nicht dieser Elektrozaun wäre. Papillon begriff, was seine Partnerin begehrte. Doch auch er wusste nicht, wie dieser Zaun zu knacken war.

Am kommenden Tag zog ein fürchterlicher Sturm auf. Als der Himmel seine Schleusen öffnete, fiel so viel Wasser in kurzer Zeit auf die Erde, dass bald viele Bäche und Flüsse über die Ufer traten. Als Papillon sich trotz des Unwetters auf die Jagd machte, kam nebst dem Regen ein starker Wind auf. Als Papillon im Wald unterwegs war, knarrte und knackste es um ihn herum gewaltig. Bald wurde der erste Baum unter grossem Getöse von einer starken Windböe erfasst und zu Boden gedrückt. Dann ein weiterer und noch einer. Papillon fürchtete um sein Leben und floh so schnell er konnte vom Wald aufs offene Feld. Dabei dachte er kurz an seine Doppelmond und die Welpen. Allzu grosse Sorgen machte er sich nicht. Mit Sicherheit hatten sie sich alle zwischen den Steinen in die tiefen Spalten zurückgezogen und schliefen dort den Sturm aus. Als Papillon kurz vor Sonnenaufgang ohne jeglichen Jagderfolg auf dem Weg nach Hause war, fühlte er sich elend. Keinen einzigen Happen Fleisch konnte er Doppelmond oder den Welpen offerieren. Als er mit Scham erfüllt am Ziegengatter, das er in den vorherigen Tagen als unüberwindbare Barriere angesehen hatte, vorbeitrabte, erhellte sich plötzlich sein Gesicht. Der grosse Sturm hatte einen Teil des Elektrozauns niedergewalzt. Auf einmal war die unüberwindbare Barriere nicht mehr so unüberwindbar. Papillon dachte kurz nach. Da war einmal der Burgfrieden, den er beachten wollte, sprich kein erbeuten von grossen Beutetieren nahe den Welpen. Er war etwa einen Kilometer von den Welpen entfernt. Dieser Abstand sollte reichen. Dann waren da der beschädigte Zaun und die erfolglose Jagd. Nach kurzem Zögern entschied sich Papillon, die Gunst der Stunde zu nutzen und drang zielgerichtet ins Ziegengehege ein.

Die Ziegen waren entsetzt, als sie bemerkten, dass ein Wolf innerhalb des Zauns auftauchte. Chaos brach aus. Als ob eine Mörsergranate eingeschlagen hätte, spickten sie in allen möglichen Himmelsrichtungen. Einige liefen kopfvoran im Zaun und verhedderten sich. Andere versuchten dem anstürmenden Wolf so gut es ging auszuweichen. Einige wenige konnten beim umgeknickten Zaun aufs offene Gelände flüchten. Doch für die meisten Ziegen hatte die letzte Stunde geschlagen. Papillon konnte sein Glück kaum fassen. Bei den Wildtieren konnte er froh sein, wenn er auf einer von zehn Jagden zu Beute kam. Doch hier vor ihm warteten 15 Ziegen auf engstem Raum. Es war eine seltene Gelegenheit, so viele Pflanzenfresser auf einmal erbeuten zu können, dass er sich an die Arbeit machte und anfing, auf Vorrat zu töten. Sage und schreibe elf Ziegen konnte er innert kürzester Zeit zu Fall bringen. Mit solch einem Überfluss an Fleisch sollte das Leben für ihn und seine Familie in den kommenden Wochen einfacher werden. Nachdem er sich den Bauch vollgeschlagen hatte, riss er eine Stotze ab und lief stolz Richtung eingerissenen Zaun. Als sich die Ziegenstotze im noch stehenden Teil des Zauns verfing, kriegte Papillon einen gewaltigen elektrischen Schlag ins Maul. Der Wolfsvater jaulte laut auf, liess seine Beute fallen und rannte mit eingezogenem Schwanz davon. Erst als er bei seiner Familie ankam, beruhigte er sich wieder. Vor allem als er sah, dass die ganze Familie den Sturm wohlauf überstanden hatte. Nachdem Papillon einige Portionen vorverdautes Ziegenfleisch hervorgewürgt hatte, trat er zur Seite und liess Doppelmond und die Welpen ihren Hunger stillen. Der Wolfsvater war mit sich und der Welt zufrieden. Zudem freute er sich schon auf die kommende Nacht, wo er seiner Doppelmond zeigen konnte, wo es viel Futter zu holen gab. Leider ging sein Plan nicht auf. Während des Tages tauchten viele Zweibeiner rund um das Gebiet auf, wo Papillon die Ziegen erbeutet hatte. Schlimmer noch, sie entdeckten und entfernten die hart erarbeitete Jagdbeute. Somit musste Papillon sich etwas anderes einfallen lassen. Er erinnerte sich an eine weitere Ziegenherde, die im nördlichen Teil seines Territoriums eingezäunt war. Diese Herde besuchte er ein paar Tage später. Dort gelang es ihm, weitere vier Ziegen zu erbeuten, als er bemerkte, dass er sich zwischen den drei Litzen, die zwischen den Pfosten gezogen

waren, schadlos durchzwängen konnte. Auch dort ging der Plan auf Vorrat zu töten nicht auf. Wieder kamen Menschen und karrten seine hart erarbeitete Beute während des Tages weg.
Wenige Tage nach dem Erbeuten der Ziegen bemerkte Papillon eine erhöhte Aktivität der Zweibeiner im Herzen seines Reviers. Während Papillon und Doppelmond es noch erträglich fanden, blitzende Kasten, die von den Zweibeinern ab und zu an den Bäumen angebracht wurden, vorzufinden, wurde die Toleranzgrenze überschritten, als wiederholt Menschen keine 100 Meter von einem der Lieblingsspielorte ihrer Welpen auftauchten, um sie zu beobachten. Als Folge dieser Störungen entschieden sich die Wolfseltern, ihre neun Welpen rund zwei Kilometer über den Berggrat an einen etwas ruhigeren Ort zu führen. Der Druck auf die jungen Wolfseltern liess jedoch nicht nach. Auch am neuen Ort stellten ihnen Zweibeiner nach. Wieder entschied sich Doppelmond, mit den Welpen zu zügeln. Dieses Katz-und-Maus-Spiel wiederholte sich insgesamt dreimal und erhöhte den Stresslevel der Wolfseltern enorm. Die Welpen spielten deshalb weniger als in den sorglosen Tagen beim ursprünglichen Bau. Letztendlich entschied sich Doppelmond, mit den Welpen in einen abgeschiedenen Teil des benachbarten Tals des Lichts zu wechseln. Dort gab es Gebiete mit sehr viel Wild und, als willkommene Alternative, allein umherziehende Schafe.

Die Grünröcke

Als die Lärchen anfingen, ihr goldenes Kleid anzulegen, spürten Papillon und Doppelmond, dass etwas in der Luft lag. Der Geruch der Zweibeiner hatte sich in den letzten Tagen intensiviert. Schlimmer noch. Es war, als wären einige Menschen ihrer Familie bewusster als zuvor auf den Fersen – konstant und unnachgiebig.
Anfangs Oktober war die ganze 11-köpfige Wolfsfamilie zusammen unterwegs. Doppelmond lief vorneweg, dann die Welpen und am Schluss Papillon. Papillon liebte es, am Schluss seiner Familie zu laufen. So hatte er stets den Überblick und konnte, falls Gefahr drohte, von hinten reagieren. Die Welpen waren voller Energie und Ungeduld. Sie wollten voranpreschen und die Gegend auf eigene Faust erkunden. Doch Doppelmond liess sie nicht gewähren. Immer wieder wies sie ihre Jungschar mit einem Knurren zurück an ihren Platz. Papillon bemerkte die Gereiztheit seiner Partnerin. Er wusste warum. Mit dem menschlichen Geruch in der Luft trauten weder er noch Doppelmond der Sache. Vor allem sie, die Wolfseltern, mussten Vorsicht walten lassen und aufmerksam bleiben. Die Welpen hingegen wussten nicht, wie ernst die Lage war, und waren wegen der scheinbar miesen Laune ihrer Mutter zutiefst irritiert. Ihre gute Laune liessen sie sich trotzdem nicht verderben. Nach einigem Verlegenheitsgähnen und heftigem Schwanzwedeln ging es nach jedem Rüffel ihrer Mutter weiter, als ob nichts gewesen wäre. Für die Welpen war es aufregend, durch das hohe Gras und zwischen den Stauden hindurchzukriechen. So weit waren sie als geschlossene Familieneinheit noch nie gegangen. Sie verstanden instinktiv, dass sie bald erwachsen sein würden und dass sie von nun an das Leben von Nomaden führen durften. Von einem Ruheplatz zum nächsten. Von einer Jagd zur anderen. Meist zusammen mit allen anderen Familienmitgliedern, ab und zu in kleineren Gruppen oder sogar allein. Zusammen unterwegs zu sein, machte jedoch am meisten Spass.
Nach einigen Kilometern Marsch entschied Doppelmond, eine Rast einzulegen. Sie fühlte, dass eine Gefahr in Form von Zweibeinern irgendwo auf den nahen Berggraten lauerte. Als Konsequenz entschloss sie sich für eine ungewöhnliche Strategie. Sie entschied sich, für kurze Zeit ihre Familie aufzuteilen. Papillon sollte mit einigen Welpen weitergehen, während sie gegen Süden lief, um ihre Welpen an dem Ort zu deponieren, wo sie sich am sichersten fühlte. Es war der Ort, wo Papillon und sie als frisches Paar zum ersten Mal zusammen erfolgreich einen Hirsch erbeuten

konnten. Gedacht, getan. Während sie mit fünf Welpen nach Süden zog, lief Papillon mit den restlichen vier Welpen zu dem Ort, wo er in der Nacht zuvor einige frei herumlaufende Schafe hatte erbeuten können. Halbmonds Plan war so schnell sie konnte zurückzukehren und dann mit Papillon und dem Rest der Familie zu den zurückgelassenen Welpen aufzuschliessen. Als sie am kommenden Tag zu Papillon und den Welpen zurückkehrte, war sie müde und hungrig. Nun gönnte auch sie sich ein wenig Schafsfleisch, das auf sie wartete. Danach begab sie sich zum Rest der Familie. Sobald es eindunkelte, wollte sie mit dem Rest des Clans zu den verbliebenen Welpen ziehen. Sie fühlte sich einigermassen sicher. Waren sie doch mehr als fünf Kilometer Luftlinie von der nächsten menschlichen Siedlung entfernt. Drei Welpen schlossen zu ihrer Mutter auf und legten sich neben ihr zur Ruhe. Papillon hatt etwas weiter unterhalb von ihnen zusammen mit zwei Welpen Platz genommen. Einer von ihnen hatte einen auffallend starken schwarzen Strich, der von den Schultern bis zum Kopf, ähnlich einem Mohawk-Krieger, reichte. Derweil entdeckte Doppelmond weiter oben eine Bewegung auf einer nahen Bergkante und liess den Ort nicht mehr aus den Augen. Auch nicht, als Mohawk entschied, zur Muttergruppe hinaufzugehen. Als Mohawk sich zwischen seinen drei Geschwistern hindurchzwängte und dabei seine Mutter anstiess, knurrte diese ihn vehement an. Fassungslos erstarrte Mohawk und machte keinen Mucks. Dabei legte ihm eine seiner Schwestern ihren Kopf auf seinen Rücken, um ihn ein wenig zu trösten. Es war im Grunde genommen eine friedliche Familienstimmung. Nur Doppelmond traute dem Frieden nicht. Papillon, der weiter unten war, sah von seiner Perspektive aus die Bergkante nicht, auf der Doppelmond eine Bewegung wahrgenommen hatte und er schaute aufmerksam, aber zufrieden in der Gegend umher. Da nahm Doppelmond zum zweiten Mal eine kleine Bewegung an der gleichen Stelle wie kurz zuvor wahr. Sie gab ein kurzes «Wuff» von sich. Als Papillon dies hörte, stand er sofort auf, um zu schauen, was los war. Der Wind hatte unterdessen leicht gedreht und brachte die Nachricht von einem auf der Lauer liegenden Menschen mit! Bei Papillon sträubten sich sofort die Haare und just in diesem Moment gab Doppelmond weiter oben einen kurzen Bellalarm. Dann stand sie schlagartig auf und verzog sich mit eingezogenem Schwanz so schnell sie konnte runter in Richtung Papillon. Ein Welpe folgte ihr auf der Stelle, während Mohawk und zwei andere Geschwister völlig erstaunt ihrer flüchtenden Mutter und ihrem Bruder nachschauten und stehen blieben. Ein fürchterlicher Fehler. Ein lauter Knall ertönte. Neben Mohawk fiel seine Schwester, die

kurz zuvor ihren Kopf auf seinen Rücken gelegt hatte, jaulend nach hinten und stand nicht mehr auf. Mohawk und sein Bruder schossen davon und rannten um ihr Leben. Ein weiterer Knall fegte Mohawks Bruder direkt neben ihm von den Füssen. Aus der Sicht von Mohawk machte das Ganze keinen Sinn. Wie aus heiterem Himmel schienen Donnerblitze auf sie einzuschlagen. Ohne jeglichen Grund. Neben Mohawk spritzte erneut Erde in die Luft. Der Schuss des Zweibeiners hatte ihn verfehlt. Bevor ein weiterer Schuss abgefeuert wurde, konnte Mohawk sich in letzter Sekunde ins Gesträuch retten und folgte so schnell seine Beine es zuliessen der Duftspur seiner Familie. Papillon machte sich bemerkbar und forderte Mohawk auf, zu ihm zu kommen. Mohawk erblickte mit grosser Erleichterung seinen Vater und folgte ihm zum Rest der Familie. Endlich waren alle Verbliebenen vereint. Und wieder einmal auf der Flucht.
Doppelmond und Papillon flüchteten zusammen mit den zwei verbliebenen Welpen über den Berggrat ins benachbarte Tal und von dort Richtung Süden, bis sie über einen weiteren Bergpass in ein Paralleltal überwechselten. Von dort folgten sie einem mit Felsköpfen gesäumten Bergpfad, bis sie in höchst unwegsames Gelände vordrangen. Nach einer 30 Kilometer langen Flucht ohne Halt kamen sie an den Ort, wo Doppelmond die anderen fünf Welpen zurückgelassen hatte. Die Freude bei den zurückgelassenen Welpen war riesengross, als sie den Rest der Familie sahen. Doppelmond entschied sich, an diesem Ort zu bleiben. Doch der Gedanke, dass zwei von ihren Jungen nicht mehr unter ihnen weilten, liess die Wolfseltern nicht in Ruhe. Während Doppelmond bei den Welpen blieb, verabschiedete sich Papillon von ihnen und machte sich wieder auf den Weg zurück ins Gebiet, wo zwei seiner Welpen von den Grünröcken niedergeschossen wurden. Er umkreiste das Tal, in dem die Schüsse abgefeuert wurden, und fand die Stelle, von wo die Zweibeiner ihnen aufgelauert hatten. Es roch nach Schiesspulver und menschlichem Achselschweiss. Nachdem Papillon sicher war, dass kein Zweibeiner in der Nähe war, traute er sich vor bis zur Stelle, wo seine zwei Sprösslinge zu Boden gegangen waren. Ausser einigen Blutflecken war nichts mehr zu sehen. Papillon wusste, dass er seine zwei Welpen nie wieder sehen würde. Die Menschen hatten sie eingepackt und mitgenommen. Mit gesenktem Haupt und einem stechenden Schmerz in der Brust machte er sich wieder auf den Weg zurück zum Rest seiner Familie.
In ihrem Rückzugsgebiet jagte die belagerte Wolfsfamilie Gämsen, Hirsche und Rehe und verharrte im Gebiet, bis einsetzender Schneefall sie in tiefere Lagen zwang. Die Grünröcke stellten den Wölfen sofort nach,

nachdem Sichtungen von den Wölfen zu ihnen durchgesickert waren. Die Schlinge schloss sich langsam und unerbittlich zu. Am 23. November durchdrang wieder ein Schuss die Nacht und durchschlug den jungen Körper eines weiteren Welpen direkt vor den Augen von Papillon und Doppelmond. Die Flucht der belagerten Wolfsfamilie ging weiter. Zwei Tage später gelangte die gestresste Wolfsfamilie auf eine der viel befahrenen Strassen der Zweibeiner und das Schicksal schlug ein weiteres Mal erbarmungslos zu. Ein Welpe wurde von einer Blechkarre angefahren und in die Luft geschleudert. Der Jungwolf blieb schwer verletzt liegen. Papillon und Doppelmond wollten ihm zu Hilfe eilen, doch es waren zu viele Menschen vor Ort. Als sie sich zögerlich entfernten, hörten sie aus der Ferne einen weiteren Knall. Das Schicksal ihres Sohnes war besiegelt. Doppelmond und Papillon hatten innert weniger als zwei Monaten vier von ihren Welpen durch eine erbarmungslose Hetze der menschlichen Jäger verloren. Papillon und Doppelmond verstanden die Welt nicht mehr. Was hatten sie denn gemacht, dass sie so etwas verdient hatten? Die Wolfseltern wussten, dass die lauten Knalle mit den Grünröcken zusammenhingen. Mohawk und seine verbleibenden Geschwister hatten den Zusammenhang noch nicht begriffen. Alles, was sie wussten, war, dass laute Donnerblitze, die aus heiterem Himmel zu kommen schienen, sie jederzeit treffen und töten konnten. Und dies oft, wenn sie in bester Laune und mit den Gedanken an den schönsten Orten der Welt waren. Die Vorstellung, dass ein lauter Donnerblitz sie jederzeit von den Füssen reissen konnte, verunsicherte alle Wolfswelpen zutiefst. Mohawk hatte sogar regelmässig wiederkehrende Albträume. Darin durchlebte er immer wieder den Moment, als seine Schwester, die ihren Kopf auf ihn gestützt hatte, von einem Donnerblitz getroffen und getötet wurde. Der einzige beständige Anker in seinem Leben waren seine Eltern. Und diesen sicheren Anker wollte er nicht verlieren. So entschied er sich, während des Winters so lange wie möglich bei seinen beschützenden Eltern zu bleiben und nicht abzuwandern, wie es sonst bei den Wölfen der Region oft der Fall war.
Als das Jahr zu Ende ging, hatten sich Papillon, Doppelmond und die vier verbliebenen Welpen auf einen Felsenkopf, der sich in einem tief verschneiten Waldstück befand, zurückgezogen. Von hier aus hatten sie den Überblick über das ganze Tal. Als es dunkel wurde, entdeckten sie in der Talsohle viele Lichter, die unaufhörlich auf den Strassen der Menschen hin- und herzuschweben schienen. Auf den Hängen und im Talboden verteilt erblickten die Wölfe viele warme Lichter der Siedlungen. Doch die Menschenwelt interessierte sie im Moment nicht. Alle waren mit den

Gedanken bei ihren verstorbenen Brüdern, Schwestern, Söhnen und Töchtern. Das letzte verstorbene Familienmitglied, eine aufgestellte junge Wölfin, hatten sie nur wenige Stunden zuvor an ein eisernes Pferd beim Gleis verloren. Die Wölfin war kurz davor von einem Zweibeiner mit vielen runden Kügelchen angeschossen worden und mit ihrem Handicap konnte sie dem Zug nicht mehr ausweichen. Im Prinzip hätte die Familie in dieser Nacht auf die Jagd gehen sollen. Sie alle hatten schon seit Tagen nicht mehr gegessen. Doch niemand hatte Hunger. Dann um Mitternacht, als alle am Schlummern waren, ertönten auf einmal laute Knalle und hell aufleuchtende Lichter erschienen am Himmel. Die lauten Knalle beunruhigten sie alle. Doch wenigstens verletzten diese komischen, farbigen Feuerbälle, die sie überall am Nachthimmel sahen, sie nicht. Papillon wusste, dass diese Feuerbälle am Himmel das Werk von Menschen waren. Scheinbar nutzten die Zweibeiner diese lauten Geschosse, um irgendetwas zu feiern. Doch ihm war nicht zum Feiern zu Mute. Trotz aller Mühe von ihm und seiner Doppelmond, hatten sie insgesamt fünf von neun Welpen in ihrem ersten Jahr an die Zweibeiner verloren.

Rückzug

Rückkehr zur grossen Schafsalp

Im Monat, in dem der Ruf des Kuckucks am lautesten ist, brachte die Wolfsmutter Doppelmond ihren zweiten Wurf zur Welt. Die Freude bei der Wolfsfamilie war riesig beim Anblick der sechs Welpen. Vor allem bei Papillon. Sechs neue Welpen bedeutete, sechs weitere Chancen, die Familie zu stärken und weiterleben zu lassen.
Papillon und Doppelmond hatten das Trauma mit den Zweibeinern und den fünf getöteten Welpen aus dem Vorjahr nicht vergessen. Vor allem aus diesem Grund hatte sich Doppelmond noch während des Winters ernsthafte Gedanken gemacht, wo sie dieses Jahr ihre Jungen zur Welt bringen wollte. Papillon bewunderte Doppelmond, wie sehr sie sich bemühte, den perfekten Standort zu finden. Sie suchte nach alten Fuchs- oder Dachsbauten und schaute, ob diese sich eignen würden. Ab und zu grub sie einige davon, mit gütiger Mithilfe von Papillon, unter den Schneemassen hervor. Letztendlich fand sie eine geeignete alte Fuchshöhle. Die Höhle selbst war jedoch ein wenig zu klein. Deshalb fing Doppelmond an, den ehemaligen Fuchsbau zu vergrössern, bis er ihr gross genug erschien. Der Grund, warum Doppelmond den neuen Standort gewählt hatte, war in den Augen von Papillon genial. Denn der neue Wurfsort lag in einem Gebiet, wo die Zweibeiner zu jeder Jahreszeit nur selten unterwegs waren. Sogar im Monat, in dem die Hirsche in der Brunft und die Zweibeiner auf der Jagd waren, tauchten kaum Menschen in diesem wilden Abschnitt an den Hängen von Thors Hammer auf. Es war, wie wenn eine unsichtbare Grenze um den Ort gezogen wurde, die die Zweibeiner mieden. Wollte nicht heissen, dass nie Menschen ins Gebiet kamen. Ab und zu tauchte der eine oder andere auf. Nicht selten mit einem domestizierten Wolf, einem Hund. Jedoch verliessen Mensch und Hund praktisch nie den Pfad. Die Menschen untereinander nannten die Region rund um Thors Hammer ein «Jagdbanngebiet». Dieser Ort war somit wie geschaffen für die Aufzucht der Welpen und Papillon konnte es nicht erwarten, tagtäglich auf die Jagd zu gehen, um genügend Nahrung für seine Familie heranzuschaffen. Vor allem freute sich der Wolfsvater darauf, mit seinen drei verbliebenen Söhnen Mohawk, Scar und Azur auf die Jagd zu gehen. Scar

war trotz seines jungen Alters ein ausserordentlich unerschrockener Jäger. Eine Narbe auf seinem Gesicht zeugte von einem seiner vergangenen Jagderfolge, bei dem ein starker Hirschstier ihm mit seinem Geweih fast ein Auge ausgestochen hätte. Azur war ein eher unauffälliger, schmächtiger Rüde, der als Welpe bei Weitem die schönsten blauen Augen von allen gehabt hatte. Er war auch der schnellste von allen Welpen. Und dann war da noch Mohawk. Ihn hatte Papillon besonders ins Herz geschlossen. Denn trotz der traumatischen Erlebnisse im Tal des Lichts, als seine Schwester und sein Bruder direkt neben ihm von einem Donnerblitz getroffen und getötet wurden, und all den Albträumen, die ihn seither plagten, hatte sich Mohawk zu einem stattlichen Wolf entwickelt. Papillon hatte die Hoffnung, dass Mohawk während des Jahres mehr Vertrauen ins Leben fassen konnte. Aus diesem Grund hoffte er, dass Mohawk sich um die Welpen kümmern würde. Dies würde ihm und seinem Geist sicher guttun.
Dass Papillon auf die Hilfe von gleich drei Welpen aus dem Vorjahr zählen konnte, machte ihn gleichermassen glücklich wie traurig. Glücklich deshalb, weil sie nun eine grosse, starke Familie waren. Traurig deswegen, weil der Verbleib von gleich drei Welpen aus dem Vorjahr darauf hindeutete, dass etwas nicht gut gelaufen war. Denn die traumatischen Erlebnisse mit den Zweibeinern hatten Mohawk, Azur und Scar dazu bewogen, bei ihren Eltern zu bleiben. Sie sahen ihre Überlebenschancen als Teil der Familie am grössten und blieben so länger bei ihren Eltern, als es sonst bei den Alpenwölfen der Fall war. Einzig einer der vier Welpen aus dem Vorjahr hatte sich, wie es Tradition war, noch vor der Geburt der neuen Welpen abgesetzt. Papillon hatte ihn, den jungen Rüden, das letzte Mal gesehen, als die Krokusse auf den alpinen Wiesen zu spriessen anfingen. Der Wolfsvater hoffte das Beste für seinen Sohn. Wusste aber auch, dass die Zeit des Abwanderns die gefährlichste Zeit von allen war.

Die ersten paar Wochen nach der Geburt der sechs Welpen verliefen vorzüglich. Papillon und seine Söhne waren allesamt gute Jäger und brachten viel Futter heim. Die Schafe der grossen Schafsalp, die Papillon und Doppelmond zwei Jahre zuvor oft besucht hatten, liessen sie zunächst links liegen. Stattdessen bevorzugten sie das regionale Hirsch-, Reh- und Gämsfleisch. Mohawk blieb meistens, wie Papillon es gehofft hatte, bei den Welpen und spielte Babysitter. Und es tat ihm gut. Mohawk blühte regelrecht auf und fand allerlei Lösungen, um die Jungmannschaft bei Laune zu halten. Eines Tages brachte er einen gelben Tennisball mit, den

er auf einer Wiese gefunden hatte. Der gelbe Ball war unter den Welpen der Hit, was Mohawk einen Riesenspass bereitete. Auch Doppelmond hatte den Wandel in Mohawk bemerkt und beobachtete oft und gern, wie Mohawk ausgiebig mit den Welpen spielte. Ihr Sohn liess sich vom Welpenmob, genau wie sie oder Papillon, in den Schwanz, in den Rücken oder in die Ohren beissen, ohne je aufzujaulen. Dank der grossen Hilfe von Mohawk und seinen zwei Brüdern, konnte nun auch Doppelmond des Öfteren mit auf die Jagd.
Es war bereits Juli, als Mohawk damit beschäftigt war, vier der sechs Welpen, die ausgerissen waren, zur Kinderstube zurückzuführen. Just in diesem Augenblick tauchte ein Zweibeiner auf dem Wanderweg auf. Mohawk war erleichtert, dass der Mensch sie bislang nicht entdeckt hatte, und schaute der Person nach, wie diese sich weiter entfernte. Da kam einer der Welpen auf die Idee, einem seiner Geschwister ins Ohr zu beissen. Dieser jaulte entsetzt auf und zog damit die Aufmerksamkeit des Wanderers auf sich. Nun starrte der Zweibeiner Mohawk doch tatsächlich direkt in die Augen. Dieser gab ein kurzes Warnsignal und alle rannten sie den Hang hoch, um über die nächste Hügelkuppe zu verschwinden. Kurz nachdem alle Wölfe über den Hügel verschwunden waren, schossen alle wieder über die Anhöhe zurück. Ihnen auf den Fersen eine ausgewachsene Mutterkuh. Schlussendlich wurde es Mohawk zu bunt. Er drehte den Spiess um. Er kehrte sich um und stellte sich nicht nur entschlossen der Kuh, sondern stürmte auf sie zu, um sie dorthin zu vertreiben, woher sie gekommen war. Bald sah er nur noch den Schwanz der Kuh über den Hügel verschwinden. Erleichtert kehrte Mohawk zu den Welpen zurück. Kaum hatte Mohawk sich mit den Jungen vereint, tauchte die Mutterkuh wieder auf. Dieses Mal mit Verstärkung. Weitere Mutterkühe hatten sich zu ihrer Artgenossin gesellt und alle kamen sie gegen die Wölfe. Dies war sogar Mohawk zu viel und er forderte alle Welpen auf, ihm über einen Bach in den rettenden Wald zu folgen. Nun schienen die Kühe ihrerseits zufrieden mit der Situation zu sein. Denn bald darauf legten sie sich hin und fingen an, genüsslich in den Tag hineinzukauen, als ob nie etwas passiert wäre.

Um die Kommunikation zwischen den einzelnen Familienmitgliedern aufrecht zu erhalten, heulten die Familienmitglieder regelmässig in der Mitte der Nacht hin und her. Dies blieb nicht unbemerkt. Als Papillon wenige Tage nach dem letzten Heulkonzert von einer erfolgreichen Jagd zurückkehrte, traf er völlig unerwartet auf einen Zweibeiner, der sich auf

die Pirsch gelegt hatte. Papillon gab erschrocken ein kurzes Alarmsignal, eine Art Gemisch zwischen Heulen und Bellen, von sich. Beiden, Papillon und dem Zweibeiner, standen die Haare zu Berge. Papillon entschied sich einen grossen Bogen um den in Grün gekleideten Menschen zu machen. Kaum war er wieder auf dem Pfad, der ihn nach Hause bringen sollte, sichtete er zwei weitere Zweibeiner. Auch diese hatten sich auf die Lauer gelegt. Erneut musste Papillon den Menschen ausweichen und kam dabei zwischen die Menschen und die nahebei grasenden Kühe. Die Kühe machten sich kaum die Mühe aufzuschauen. Nachdem Papillon alle umkurvt hatte, konnte er endlich nach Hause gehen. Als er wenig später Futter für die Welpen hervorgewürgt hatte, nahm er Platz unter der grössten aller Lärchen. Das Gesehene beunruhigte ihn. Er erinnerte sich jedoch daran, dass er im Innersten seines Gebietes, sprich rund um die Wurfshöhle, bisher weder Mensch noch Hund gesehen oder gerochen hatte. Die Menschen hielten sich an ihre eigenen Regeln des Jagdbanngebietes und verliessen die Pfade nie. Somit basierten Papillons Hoffnungen vor allem auf den Erfahrungen vergangener Tage.
Genau ein Tag später, es war der 7. Juli, bewahrheitete sich Papillons grösster Albtraum, als sich zwei Zweibeiner mit einem Hund, der frei herumlief, dem Ort näherten, wo sich die Welpen befanden. Mitten im Jagdbanngebiet und abseits der Pfade. Papillon gab sofort Alarm. Doppelmond erkannte, was los war. Eile war geboten. Sie trieb alle Welpen zusammen und mithilfe von Mohawk und Azur flohen sie zur rettenden Wurfshöhle. Derweil versuchten Papillon und Scar die Eindringlinge so gut es ging abzulenken. Sie flankierten die Zweibeiner, die nun ihren Hund an der Leine genommen hatten, und heulten und bellten so laut sie konnten, ohne sich den Eindringlingen direkt zu zeigen. Diese liessen jedoch nicht locker. Sie folgten weiter der Spürnase ihres Hundes in Richtung Wurfshöhle. Als Azur und Mohawk bemerkten, dass die Horde der Wurfshöhle immer näherkam, verständigten sie ihre Mutter, die sich mit ihren Welpen unter der Erde verkrochen hatte. Doppelmond kam kurz raus, schaute sich die Situation an und winselte, bevor sie wieder unter der Erde verschwand. Die zwei Söhne verstanden, was ihre Mutter von ihnen wollte. Sie nahmen all ihren Mut zusammen und liefen in Richtung der noch immer ausser Sichtweite näherkommenden Zweibeiner und ihrem Hund. Als sie vor den Menschen und dem Hund auftauchten, griff einer der Zweibeiner nach seiner Schusswaffe und gab einen Warnschuss ab. Azur machte ein paar Schritte zurück, doch Mohawk blieb entschlossen in Sichtweite stehen, komme was wolle. Als sein Vater und Scar sie sahen,

zeigten auch sie sich den Eindringlingen und bellten und heulten noch wilder. Der Hund seinerseits kläffte aus voller Kehle zurück und wurde von den Schreien der Menschen unterstützt. Es war wild, intensiv, brachial. Papillon entschied sich in diesem Moment für eine List. Zuerst machte er ein paar Schritte nach vorne, um alle Aufmerksamkeit auf sich zu ziehen. Dann zog er sich langsam, aber sicher zurück. Seine Söhne folgten ihm. Dies gab den Zweibeinern und ihrem Hund Mut und sie fingen an, die Wölfe vor sich herzutreiben. Auf jeden Fall dachten sie dies. Was jedoch passierte, war, dass Papillon die Horde von der Wurfshöhle weglockte. Meter für Meter entfernten sie sich alle von Doppelmond und den Welpen. Doppelmond atmete ihrerseits erleichtert auf, als sie bemerkte, dass das Heulgebell von Papillon und ihren Söhnen, samt dem Kläffen des Hundes und dem Geschrei der Menschen leiser und leiser wurde, bis die erhitzten Stimmen letztendlich alle verstummten. Doppelmond blieb mit zitterndem Körper bei ihren Welpen im Bau, bis es dunkel wurde. Als die Nacht hereinbrach, kehrten zu ihrer grossen Erleichterung Papillon und ihre drei Söhne zum Bau zurück. Kaum waren alle wieder vereint – immer noch zutiefst schockiert vom Auftauchen der Menschen samt Hund im Kern ihres Gebietes – leitete Doppelmond, ohne zu zögern, eine Nacht-und-Nebel-Zügelaktion ein. Sie nahm ihren ersten Welpen sanft zwischen ihre grossen Zähne und transportierte ihn über Stock und Stein, zwischen Tannen und ruhenden Kühen über eine Bergflanke auf die hintere Seite des Thors-Hammer-Berges. Mohawk und Papillon begleiteten Doppelmond bis zum neuen Rückzugsgebiet, während Azur und Scar beim Rest der Welpen blieben. Doppelmond kehrte allein zurück, schnappte sich den zweiten Welpen und machte sich wieder auf den zweieinhalb Kilometer langen Weg. So ging es die ganze Nacht. 635 Höhenmeter rauf, dann 400 Höhenmeter runter. Alles mit einem Welpen zwischen den scharfen Zähnen. Die Welpen selbst verfielen während der ganzen Prozedur in eine Art Starre. Papillon versuchte einmal selbst einen Welpen in den Mund zu nehmen, jedoch war der Transport im Maul für ihn eine zu heikle Sache. Er hatte Angst, zu fest zuzubeissen und so den Welpen zu verletzen. So liess er es lieber bleiben. Azur, Mohawk und Scar kamen gar nicht erst auf die Idee, es zu versuchen. So war es letztendlich nur die Wolfsmutter selbst, die die Sensibilität besass, den heiklen Transportakt so zu vollbringen, ohne dass ein Welpe verletzt wurde. Alles ging gut bis zum sechsten Welpen. Als sie unter den Augen aller Adulten den letzten Welpen am neuen Ort auf den Boden legte, bewegte dieser sich nicht mehr. Nun kamen auch die anderen fünf Welpen angerannt. Ge-

bannt schauten alle auf Doppelmond und den leblos am Boden liegenden Welpen. Mit einer Entschlossenheit und Ausdauer, wie es nur bei einer Mutter der Fall sein kann, leckte Doppelmond ihrem Welpen für geschlagene fünf Minuten den Bauch, bis dieser auf einmal aus seiner Starre erwachte und kurz danach wieder quicklebendig mit seinen Geschwistern herumtollte, als ob nichts geschehen wäre.

Der neue Aufenthaltsort von Papillons Familie lag in einem sehr steilen, unwegsamen und vor allem für die Welpen lebensgefährlichen Gebiet. Der Ort gefiel weder Doppelmond noch Papillon. Steil und gefährlich hin oder her, die Wolfseltern waren sich bewusst, dass die Welpen an diesem Ort vorübergehend am sichersten waren vor ihren Feinden. Unter diesen Umständen standen Papillon und Doppelmond unter doppeltem Druck. Auf der einen Seite war der Rückzugsort viel zu gefährlich für die Welpen, um auf die Dauer zu bleiben. Zum anderen brauchten die Welpen Futter. Die Muttermilch von Doppelmond war zwar immer noch verfügbar, doch es war die Zeit, in der die Welpen von Milch auf feste Nahrung wechseln mussten, wollten sie überleben. Teil der Lösung für Papillon war, die relativ weit entfernte grosse Schafsalp aufzusuchen, wo leichte Beute zu erwarten war.
Also nahm Papillon zwei seiner Söhne mit und machte sich auf den Weg. Das Trio erreichte nach knapp 20 Kilometer langer Wanderung die Weiden der Alp. Der Wolfsvater bemerkte sofort, dass sich auf der grossen Schafsalp in den letzten zwei Jahren einiges getan hatte. Zum einen hatten die Zweibeiner Herdenschutzhunde mitgebracht, um die Schafe zu beschützen. Es waren deren zwei. Zudem schien mindestens ein Zweibeiner ständig bei der Schafsherde zu sein, und dieser torkelte nicht wie derjenige vor zwei Jahren mit einer Flasche in der Hand in der Gegend herum. Dieser Mensch war fokussierter, entschlossener. Auch dies ein Novum. Nach einigem Überprüfen der Alp bemerkte Papillon trotz allem einige grobe Schwächen im Schutzsystem. Erstens waren die Herdenschutzhunde noch sehr jung und unerfahren. Zweitens waren die Zäune, die einem in die Nase zwickten, wenn man ihnen zu nahekam, nur auf rund der Hälfte der Weiden aufgebaut. Eine Seite war sogar gänzlich offen. Zu guter Letzt bemerkte Papillon, dass sich acht Schafe von der riesigen Hauptherde abgesetzt hatten. Die Ausreisser drangen in unwegsames Gelände vor und konnten wegen einbrechender Nacht und aufkommendem schlechten Wetter weder vom Menschen noch von seinen Hunden eingesammelt werden. Das schlechte Wetter, der dichte Nebel, acht unbewachte

Schafe. Papillon liess sich nicht zweimal bitten und zusammen mit seinen Söhnen machten sie sich an die Arbeit. Bis Ende Juli erbeutete die Wolfsfamilie auf der grossen Schafsalp insgesamt 13 Schafe und konnte sich und die Welpen damit am Leben halten. Papillon hatte das Beste aus der Notsituation gemacht, in die er und seine Familie von den Zweibeinern gedrängt worden waren. Wäre da nicht die Vertreibungsaktion im Jagdbanngebiet gewesen, wäre es nicht dazu gekommen, dass er die grosse Schafsalp so oft hätte aufsuchen müssen. Der tüchtige Wolfsvater sah jedoch schnell ein, dass der lange und beschwerliche Hin- und Rückweg von der Alp zu den Welpen auf die Dauer zu anspruchsvoll war. Daher mussten er und Doppelmond sich was anderes einfallen lassen. Denn die Welpen befanden sich immer noch in einem Gelände mit Dauerabsturzgefahr. Zum Glück hatten sie noch keine Welpen verloren. Doch wie lange noch? Aus diesem Grund kamen die Wolfseltern zum Schluss, den Standort der Welpen erneut zu wechseln. Doch wohin? Sie entschieden sich, über einen 2800 Meter hohen Pass an den Flanken des Thors-Hammer-Berges auf die Südseite zu wechseln. Ein waghalsiges Unternehmen für alle adulten Wölfe, geschweige denn mit zehn Wochen alten Welpen im Gepäck. Kaum waren sie an einem neuen, geeigneten Ort angekommen, musste Doppelmond entdecken, dass sie wieder von ihren Hauptfeinden und deren Hunden entdeckt worden waren. Eine ähnliche Vertreibungsaktion von den Zweibeinern, wie wenige Wochen zuvor, nahm ihren Lauf. Wiederum war die einzige Verteidigungsstrategie von Doppelmond, ihre Welpen zusammenzutrommeln und sich zusammen mit Mohawk so schnell wie möglich aus dem Staub zu machen, während Papillon versuchte, mit seinem Alarmgebell alle Aufmerksamkeit auf sich zu ziehen. Scar und Azur waren zu diesem Zeitpunkt nicht anwesend, ansonsten hätten auch sie mitgeholfen. So rannte Doppelmond zusammen mit Mohawk und den Welpen aus dem Wald auf eine offene Wiese. Von hier eilten die Wölfe in Sichtweite von einigen Bauern, die am Heuen waren, die frisch gemähte Alpwiese hinunter zum nächstgelegenen Wald. Die Welpen folgten ihrer Mutter so gut es ging, während Mohawk sich entschied, zu seinem Vater zurückzukehren und ihm zu helfen. Doch bevor er seinen Vater erreicht hatte, sah er, wie Papillon aus dem Wald schoss und in seine Richtung floh. Zusammen schlossen sie zum Rest der Familie auf und machten sich auf, einen neuen Rückzugsort zu finden.
Wieder einmal war ein Versuch gescheitert, einen Ort zu finden, wo sie von den Zweibeinern in Ruhe gelassen wurden. So musste die Wolfsfamilie ein weiteres Mal notgedrungen zügeln. Genau wie letztes Jahr, als zwei

ihrer Welpen geschossen wurden, zogen sich Doppelmond und Papillon dorthin zurück, wo sie als junges Wolfspaar erstmals gemeinsam einen Hirsch erbeutet hatten. Im Herbst war dieses Gebiet ein gutes Jagdgebiet. So gut, dass auch viele zweibeinige Jäger jedes Jahr dort unterwegs waren. Nun waren sie jedoch wegen der Störungen einige Wochen früher, als ihnen lieb war im Gebiet, sprich just in der Zeit, in der es für Wölfe am schwierigsten ist, Wildtiere zu jagen. Die Huftiere, ob jung oder alt, waren durch die saftigen Weiden mitten im Sommer in ihrer besten körperlichen Verfassung des Jahres. Papillon wusste, dass es schwierig werden würde. Mithilfe von den Jungwölfen Scar, Azur und Mohawk gelang es der Familie trotzdem, sich erfolgreich durch den Sommer durchzuschlagen.
Doch die Lage blieb prekär. Als es gegen den Herbst zulief, fingen die Adulten an, in grösseren Gruppen als im Sommer auf die Jagd zu gehen. Auch Mutter Doppelmond beteiligte sich regelmässig an den Jagdausflügen. Die Welpen waren noch weit davon entfernt, mit auf die Jagd zu gehen und noch weiter davon entfernt, effiziente Jäger zu werden. Jagen bedingt Erfahrung. Erfahrung kommt mit dem Alter. Eine der Erfahrungen, die ein jeder Wolf früher oder später machen wird, ist, dass der Jagderfolg dort am höchsten ist, wo junge, schwache, kränkelnde oder alte Tiere unterwegs sind. Und genau auf solch ein Tier stiess die ganze Wolfsjagdtruppe, als sie in der Nacht des 21. September gemeinsam unterwegs waren. Doppelmond lief vorneweg, dann kamen Mohawk und Azur. Scar und Papillon bildeten die Nachhut. Sie waren noch keinen Kilometer von ihrer Jungmannschaft entfernt, als sie nahe einem lang gezogenen Bergsee auf einen vulnerablen Pflanzenfresser stiessen. Mitten auf einer Wiese, die mit einer Mischung aus Steinmauer und einfachem Einlitzenzaun umgeben war, stand ein klein gewachsener Esel. Nur einen Steinwurf davon entfernt standen zwei Gebäude. Alles war ruhig in dieser Septembernacht. Doppelmond wollte zuerst an dem Esel vorbeitraben, als der unerschrockene Scar von hinten her aus der Reihe tanzte und einen Versuch startete, um die Wehrhaftigkeit des Esels zu testen. Dabei stellte sich heraus, dass der Esel ein alter Greis war und nicht mehr die Lebenskraft hatte, um sich effizient gegen Feinde zu wehren. Als Doppelmond und der Rest der Jäger dies bemerkten, schossen sie entschlossen vor, um Scar zu helfen. Es war eine Chance, die es wahrzunehmen galt. Die letzte Stunde des greisen Esels hatte geschlagen.
Zur Erleichterung von Papillon und Doppelmond blieben die Vergeltungsaktionen der Zweibeiner dieses Mal aus. Den Rest des Jahres wurden sie von ihrem ärgsten Feind mehr oder weniger in Ruhe gelassen und ihre

Situation normalisierte sich ein wenig. Es war während dieser Zeit, als Mohawk sich von seiner Familie verabschiedete. Er wollte einer verheissungsvollen Spur einer allein umherwandernden Wölfin nachgehen, die er auf einem seiner Streifzüge gefunden hatte. Mit Wehmut schaute Papillon seinem Sohn nach, als dieser sich Richtung Tal des Lichtes aufmachte.

Wolfskriege

Während bei Papillons Wolfsfamilie der Konflikt mit den Menschen zwischenzeitlich aufs Eis gelegt wurde, flammte bei Biala und Zop ein ganz anderer Konflikt auf. Dies, nachdem sie eine sehr erfolgreiche Welpensaison hinter sich gebracht hatten. Biala und Zop hatten es nämlich geschafft, insgesamt acht Welpen über die Runden zu bringen.
Mit Einzug des Winters zog die ganze Familie ins Tal hinunter. Als sie sich nahe dem Vorderrhein aufhielten, wussten die Wolfseltern, dass die viel befahrenen Strassen und Gleise ein gefährliches Pflaster für sie waren. Nebst der Gefahr, die von der Infrastruktur der Zweibeiner ausging, stiessen sie auf eine weitere – für ihre Familie als solche – viel bedrohlichere Gefahr. Biala und Zop fanden nämlich Spuren von fremden Wölfen auf dem Gebiet, das sie beanspruchten. Mit ihren feinen Nasen erkannten Zop und Biala sofort, wer die Eindringlinge waren. Es war die benachbarte Krummschwanz-Wolfsfamilie. Seit die Krummschwanz-Wolfsfamilie sich am südlichen Ufer des Vorderrheins ein Jahr nach ihnen etabliert hatte, war die Gefahr von einem Konflikt zwischen ihnen gestiegen. Bislang waren sich die zwei Wolfclans nur einmal in die Quere gekommen. Damals war die Krummschwanz-Wolfsfamilie zahlenmässig noch weit unterlegen gewesen. Sie waren nur zu viert gewesen. Krummschwanz selbst, seine Partnerin Naira und zwei Welpen, die das Jahr überlebt hatten. Naira trug seit einiger Zeit ein schwarzes GPS-Halsband, das ihr von Zweibeinern übergestülpt worden war. Die Zops zählten deren neun. Bei diesem ersten Konflikt kam es nicht zu einem wirklichen Kampf. Die Krummschwanz-Familie blies zum Rückzug, sobald sie die zahlenmässig überlegene Familie von Zop und Biala gesichtet hatten. Doch die Krummschwanz-Familie war, wie die Zops auch, seither gewachsen. Somit waren die dichten Wälder, die an den Vorderrhein angrenzten, und die viele Hirsche und Rehe im Winter beherbergten, für die Wölfe enorm wichtig. Bisher hatten Zop und Biala diese Wälder für sich beansprucht und sie hatten nicht vor, auf das Wintereinstandsgebiet der Hirsche zu verzichten. Noch in derselben Nacht lancierte Zop zusammen mit Biala ein Familiengeheul, um die Revieransprüche zu unterstreichen. Gespannt lauschten alle Wölfe in die dunkle Nacht hinaus, ob Antwort kommen würde. Und sie kam. Aus gut zweieinhalb Kilometer Entfernung antwortete die Krummschwanz-Wolfsfamilie. Dank des Geheuls konnten Biala und Zop eruieren, dass die rivalisierende Wolfsfamilie an Stärke gewonnen hatte. Sie war unterdessen auf zehn Mitglieder angewachsen. Die Zops waren

mit insgesamt 12 Mitgliedern zahlenmässig immer noch im Vorteil. Doch wie lange noch? Einige Tage später hielt sich eine Splittergruppe der Zop-Wolfsfamilie am Vorderrhein auf und stiess tief in der Nacht auf ihre Rivalen, die in voller Stärke anwesend waren. Im darauffolgenden Scharmützel stellte und tötete der Krummschwanz-Clan ein sieben Monate junges Weibchen. Drei Tage später verlor die Zop Familie erneut ein junges Mitglied. Dieses Mal passierte die Tragödie beim Überqueren einer Strasse. Es wollte nicht aufhören. Keine zwei Tage später war Einauge mit zwei seiner jüngeren Geschwister unterwegs. Sie entschieden sich, die Rheinschlucht zu erkunden und wanderten dem Gleis entlang. Nebst dem energiesparenden Laufen wollte der Babysitter zeigen, wie man nicht nur energiesparend auf den schneegeräumten Gleisen vorankam, sondern auch, dass man ab und zu die Gelegenheiten bekam, Aas in Form von vom Zug totgefahrenen Tieren aufzufinden. Als die drei neben den hohen Felstürmen der Rheinschlucht vorbeimarschierten, erschien plötzlich hinter ihnen ein blechernes Monster. Einauge war überrascht, dass sie den Zug nicht früher gehört hatten. Der viele Schnee hatte die Geräusche zu gut absorbiert und Einauge erkannte die Gefahr mit seinem gesunden Auge erst, als die Lokomotive um eine Kurve angerast kam. Alle drei Wölfe kriegten Panik und rannten dorthin, wo sie am schnellsten vorwärtskamen, sprich sie rannten dem fast schneefreien Gleis entlang. Ohne Erfolg. Lobo, ein junger Welpe mit einem auffallend dunklen Fell wurde vom Zug als erster erfasst und in die Luft gewirbelt. Er landete direkt im kalten Wasser des Rheins und überlebte nahezu unverletzt. Seine zwei Geschwister hatten nicht so viel Glück. Einauge erwischte es am schlimmsten, als er unter die Räder des Zugs kam. Das junge Weibchen wurde auch erfasst und landete verletzt neben dem Gleis im Schnee. Als der Zug anhielt, war es zu spät. Einauge lag tot auf dem Gleis. Lobo, der dunkle Jungwolf, trieb im Wasser in die Rheinschlucht hinein. Die junge Wölfin humpelte schwer verletzt den Hang hinauf und von dort zurück ins Kerngebiet ihrer Eltern. Zoppa, das schwer verletzte Weibchen, suchte im Kerngebiet ihrer Eltern eine Schlucht auf und legte sich dort unter einer Tanne zum Ausruhen nieder. Sie hoffte, dass ihre Eltern sie bald finden würden. Mitunter heulte sie, von Schmerz und Kummer geplagt, so laut sie nur konnte.

Nach all diesen schweren Vorfällen war Zops Wolfsfamilie stark geschwächt. Waren sie wenige Wochen zuvor starke zwölf an der Zahl, so blieben bei Jahresende noch deren neun übrig. Unter den neun befand sich das schwer verletzte junge Weibchen Zoppa, der humpelnde Wolfs-

vater Zop, die Wolfsmutter Biala, die 20 Monate alte Stripe und fünf Welpen. Die Krummschwanz-Wolfsfamilie war immer noch gesunde 10 an der Zahl, inklusive zwei 20 Monate alte kräftige Rüden.
Der Krummschwanz-Clan witterte seine Chance. Als die Wölfe die lauten Rufe der verletzten Zoppa aus der Distanz hörten, initiierte Naira den Angriff. Bald fand sie Zoppas Spur und folgte dieser über den Vorderrhein bis tief hinein ins Gebiet von Zop und Biala. Dies war das erste Mal, dass sie sich so weit vorwagte. Die Krummschwanz-Familie teilte sich in zwei Gruppen auf. Während die Mutter Naira mit fünf Welpen einen Pfad unterhalb einer Forststrasse nahm, lief Krummschwanz mit den zwei Rüden und einem Welpen der Fährte von Zoppa nach. Vorneweg lief ein besonders motiviertes 20 Monate altes Männchen. Sein Vater folgte ihm in angespanntem, aber ruhigen Tempo. Dicht an seiner rechten Seite schmiegte sich ein ängstlicher Welpe. Es war dem Welpen überhaupt nicht geheuer in dieser Gegend, wo es von fremden Wölfen nur so roch, unterwegs zu sein. Am liebsten wäre er zurück über den Fluss nach Hause gerannt. Die starke Schulter seines Vaters gab ihm jedoch den nötigen Halt, um weiterzugehen. Das Schlusslicht dieser Gruppe bildete der zweite 20 Monate alte Rüde.
Nichtsahnend lag die verletzte Zoppa nur unweit von den sich nähernden Eindringlingen und leckte ihre Wunden. Als die verletzte Wölfin die Eindringlinge bemerkte, war es zu spät. Sie versuchte noch vor der nahenden Naira zu fliehen, humpelte aber direkt in die Fänge der zweiten avancierenden Gruppe mit dem Rüden an der Spitze. Sie hatte keine Chance. Der Rüde, Naira und Co. stürzten sich ohne Gnade auf das junge Weibchen. Der Kampf war kurz. Die zehn Wölfe liessen Zoppa tot zurück und marschierten mit hohen Ruten weiter in das Gebiet von Zops Familie. Zop und Biala stiessen in der kommenden Nacht auf die Spuren der Eindringlinge und waren schockiert, diese so tief in ihrem Revier zu finden. Mit einer Mischung aus Sorge und Vorsicht folgten Biala und der Rest der Familie der Fährte der Eindringlinge, bis sie auf die tote Zoppa stiessen. Tief vom Bild des toten Familienmitglieds durchgerüttelt, versammelten sie sich alle um die leblose Jungwölfin. Die Lage konnte ernster nicht sein. Zop schloss humpelnd zu Biala auf. Er hinkte in dieser Nacht noch stärker als sonst. Eine wilde Jagd hatte in der vorherigen Nacht sein seit Jahren lädiertes Bein noch weiter zugesetzt. Zop sah Biala fragend an. Was tun? Die Familie blieb eine Weile bei Zoppa, bis Biala entschied, den Spuren der Eindringlinge zu folgen. Der stark hinkende Zop, seine älteste Tochter Stripe und fünf bald dreivierteljährige Welpen folgten der Matriarchin.

Biala und Zop waren sich bewusst, dass, sollte es zu einem Kampf kommen, die Welpen ihnen keine grosse Hilfe sein würden. Diese waren in ihrem jungen Alter in solchen Situationen völlig überfordert und würden nicht wissen, was zu tun war. Es fehlte ihnen an Erfahrung, Entschlossenheit und körperlicher Durchschlagskraft. Deshalb wusste Zop, dass es vor allem auf ihn, Biala und die 20 Monate alte Stripe ankommen würde. Zop lief nicht so selbstbewusst wie immer hinter Biala her. Er wusste, sein handicapiertes Bein könnte für ihn und seine Familie ein grosser Nachteil sein. Nach weiteren sechs Kilometer erblickten sie schliesslich ihre Gegner. Die ganze Krummschwanz-Wolfsfamilie kam in Reih und Glied aus dem Wald. Vorneweg lief Naira, gefolgt von den zwei jungen Brüdern aus dem letztjährigen Wurf, dann die sechs Welpen und am Schluss der Wolfsvater. Sie kamen direkt vom Ort der letztjährigen Wurfshöhle von Biala. Nicht nur waren die Krummschwanz-Wölfe in ihr Gebiet eingedrungen, hatten Zoppa auf dem Gewissen, sondern nun hatten sie sich bis zum intimsten Teil ihres Gebietes, der Wurfshöhle, vorgewagt. Eine grössere Kriegserklärung konnte es nicht geben. Ohne zu zögern, der zahlenmässigen Unterlegenheit zum Trotz, schoss Biala wild entschlossen den Hang hinauf in Richtung ihrer Feinde. Zop überlegte keine Sekunde und rannte entschlossen seiner Partnerin nach. Dann sprinteten auch Stripe und die Welpen los. Der Krummschwanz-Clan sah die Hausherren mit hochgestreckten Ruten auf sich zukommen. Die Welpen traten ein paar Schritte zurück und warteten gespannt die Reaktion ihrer Eltern ab. Naira machte dieses Mal keine Anstalten zum Rückzug zu blasen. Stattdessen schnellte sie mit weit nach oben gerichtetem Schwanz nach vorne. Ihr Partner schloss zu ihr auf, dann die Jährlinge und zu guter Letzt, wenn auch leicht zögerlich und ängstlich, die Welpen. Als die insgesamt 18 Wölfe aufeinanderprallten, brach das pure Chaos aus. Wölfe spickten rechts und links aus dem Gewühl. Schnee flog in alle Richtungen, als hätte eine Granate eingeschlagen. Schnell bildeten sich drei Hauptgruppen, die um Sieg oder Niederlage, um Leben oder Tod kämpften. Die eine Gruppe umfasste ausschliesslich Welpen von beiden Clans. Diese rannten eher planlos hin und her, prügelten sich hier und dort. Sie waren für den Ausgang des Kampfes unwichtig. Die zweite Gruppe bildete sich um die zwei Wolfsmütter. Biala hatte sich auf Naira gestürzt und konnte diese zu Boden drücken. Ihre Tochter Stripe half ihr dabei. Naira war von der Stärke und Entschlossenheit ihrer Gegnerinnen regelrecht überrumpelt worden und arg in Bedrängnis geraten. Ihr Leben hing nun an einem seidenen Faden. In der dritten Gruppe wurde Zop von den zwei Brüdern angegangen und er hatte alle Pfoten voll zu tun, um seine Balance nicht zu verlieren. Einer von Zops Welpen versuchte, seinem Vater den Rücken zu stärken, als von oben her Krummschwanz angerannt kam. Dieser sah, dass der mächtige Zop auf seinem Hinkebein kurz eingeknickt war und seine zwei älteren Söhne sich auf ihn gestürzt hatten. Krummschwanz verlangsamte sein Tempo und wurde von zwei seiner eigenen Welpen überholt. Sie alle rannten Richtung Zop. Krummschwanz spekulierte, dass Zops letzte Stunde geschlagen hatte, und änderte abrupt seine Richtung. Er entschloss sich seiner arg in Bedrängnis geratenen Naira zu helfen. Um Zop konnte er sich später kümmern. Biala und Stripe hatten die Situation mit Naira im Griff. Naira fiel beim Kampf nach hinten auf den Rücken und entblösste dadurch ihre Halspartie für einen kurzen Augenblick. Biala sah darin ihre Gelegenheit, zum Todesbiss anzusetzen. Sie packte erbarmungslos zu. Der GPS-Halsbandsender um Nairas Hals verhinderte jedoch, dass Biala richtig zubeissen konnte. Immer wieder rutschten ihre scharfen Zähne von der sensiblen Halspartie ab und verletzten nur die Schulter ihrer Feindin. Kaum wollte sie zu einem erneuten Biss ansetzen, kam Krummschwanz Naira zu Hilfe. Mit voller Wucht traf Krummschwanz Bialas Körper. Nun fiel Biala auf den Rücken und wurde in Sekundenbruchteilen selbst zur Zielscheibe. Bialas Tochter Stripe wollte ihrer Mutter zur Hilfe eilen, musste sich aber um mehr anstürmende Welpen von Krummschwanz kümmern. Mit Entsetzen musste sie kurze Zeit später mit ansehen, wie ihre Mutter von Naira am Hals gepackt wurde, während sich ein weiterer Welpe in deren Schwanzwurzel verbissen hatte. Dann kam der grosse Krummschwanz hinzu und bearbeitete Bauch und Flanke von Biala. Biala kämpfte verzweifelt um ihr Leben. Als Zop dies sah, löste er sich mit letzter Kraft aus der Umklammerung der beiden Brüder, schüttelte diese ab, als ob sie zwei Kätzchen wären, und rannte mit hochgehobenem Schwanz zu seiner Partnerin. Als Krummschwanz den heranstürmenden Zop bemerkte, liess er von Bialas Körper ab und sprang mit ausgestreckten Pfoten und offenem Maul gegen Zop. Der Aufprall der zwei Wolfsväter war heftig. Beide rollten den verschneiten Hang hinunter. Nur dank seiner enormen Physis und Kraft konnte sich Zop von seinem starken Kontrahenten befreien und biss diesem in die Flanke. Krummschwanz war Zop, trotz seines Hinkebeins, nicht gewachsen. Er wollte sich wegdrehen und rennen. Da packte ihn Zop am Schwanz, was Krummschwanz aufheulen liess. Zop hörte einen Knacks und wusste, dass er den Schwanz erneut gebrochen hatte. Von diesem Moment an stand Krummschwanz sein Schwanz noch gebogener nach aussen, als es sonst schon der Fall war, und sollte ihn für den Rest seines Lebens an seinen Kampf mit Zop erinnern. Wären da nicht wieder die zwei Brüder ihrem Vater Krummschwanz zu Hilfe geeilt, hätte Zop, trotz seines Handicaps, die Überhand gewonnen und womöglich seinen Kontrahenten getötet. Derweilen, wenige Meter von Zop entfernt, konnte sich Biala nicht mehr von Nairas Todesbiss befreien und wurde von Sekunde zu Sekunde schwächer. Ein letztes Mal sprang Zop auf, blickte kurz zu Biala und realisierte, dass der Kampf für sie beide verloren war. Er konnte nichts mehr für seine Biala tun. Als Krummschwanz und seine zwei Söhne Zop erneut angreifen wollten, machte Zop schweren Herzens kehrt und rannte so schnell er mit seinem Hinkebein konnte davon. Die Krummschwanz-Rüden spurteten ihm noch mehrere Hundert Meter nach, bevor sie zu Naira und der unterdessen toten Biala zurückkehrten. Mit grossem Schwanzwedeln vereinigten sich alle Krummschwanz-Wölfe um den leblosen Körper von Biala und fingen an zu heulen. Ihnen war ein grosser Sieg gelungen.

Vereinigung

Ein paar Tage nachdem der Kampf vorüber war, fing es in der Nacht an zu schneien. Es schneite die ganze Nacht hindurch, dann den kommenden Tag und mehrere Tage und Nächte danach. Es war, als ob der Himmel weinen musste, bei all diesen Tragödien bei Zops Familie. Als der grosse Schneesturm sich verzog, war die ganze Region von einer meterhohen Schneeschicht überdeckt.

Zop hatte sich in den Grosswald nahe der Rheinschlucht zurückgezogen. Nebst dem schmerzenden Bein und Körper machte sich ein Gefühl der Ohnmacht breit. Zop wusste, dass solche Kämpfe Teil des Lebens, Teil des Wolfseins waren. Teil des grossen Gesetzes.

Im Laufe der nächsten Tage und Wochen gesellten sich die übrig gebliebenen Familienmitglieder zu ihm. Es waren nur wenige. Vier Welpen sowie Stripe. Etwas desorientiert vom heftigen Kampf und vom Verlust ihrer Mutter, samt dem Rückzug ihres schwer hinkenden Vaters, verloren bis zum Monatsende zwei weitere Welpen ihr Leben, als sie vom eisernen Pferd auf dem Gleis erfasst und getötet wurden. Zwischen Februar und April wanderten zwei der noch nicht einmal Einjährigen ab. Letztendlich blieb nur noch Stripe bei ihrem arg angeschlagenen Vater.

Für Zop war die Lage zum Verzweifeln. Hatte es doch sechs Jahre zuvor so gut angefangen, als er zum ersten Mal verheissungsvolle Spuren von den Halbmond-Wölfen gefunden hatte. Nicht mal ein mächtiger Braunbär hatte ihn daran hindern können, eines der Halbmond-Weibchen für sich zu gewinnen und seine eigene Familie aufzubauen. Seine Partnerschaft mit Biala war von vielen Schicksalsschlägen geprägt. Zunächst die Welpen, die in steile Felswände gerieten und zu Tode stürzten. Dann immer wieder Verkehrsunfälle, bei denen etliche seiner Sprösslinge ums Leben kamen. Und nun der Überfall von den Krummschwanz-Wölfen so kurz vor der Paarungszeit. Seine Familie schien dem Ende geweiht zu sein. Es sei denn, er könnte rechtzeitig noch vor Ende der Paarungszeit eine neue Wölfin für sich gewinnen und diese überzeugen, zu ihm ins Gebiet zu kommen. Dann hätte seine Familie eine Chance, weiter zu bestehen. Theoretisch wäre seine bald zweijährige Tochter Stripe, mit der er unterwegs war, im paarungsfähigen Alter. Doch für Zop kam eine Paarung mit ihr nicht infrage. Er wollte eine nicht verwandte Wölfin finden. Somit machte er sich auf den Weg in Richtung des Gebiets von Halbmond. Stripe seinerseits blieb noch eine Weile in der Gegend, bis auch sie weiterzog.

Zop war schon lange nicht mehr über die Grenzen seines Reiches getreten. Nun betrat er seit langer Zeit wieder einmal das benachbarte Gebiet von Halbmond. Der Besuch von Bialas Mutter vor einem Jahr liess jedoch wenig Hoffnung aufkommen, in diesem Gebiet auf ein fremdes Weibchen zu treffen. Er versuchte es trotzdem. Dabei konnte er dem Tod ein weiteres Mal von der Schippe springen, als er eine der viel befahrenen Strassen kurz vor dem Eindunkeln am späteren Nachmittag überqueren wollte. Ein Auto touchierte ihn leicht und nur mit sehr viel Glück landete er auf allen vieren neben der Strasse und konnte bergabwärts fliehen. Mit einem gehörigen Schreck in den Knochen lief er unbeirrt weiter und besuchte den Ort, wo er vier Jahre zuvor auf Biala gestossen war. Und es war dort, wo er auf Spuren von einem Weibchen traf. Von den Duftspuren wusste er, dass es Halbmond, die Mutter von seiner Biala war. Zop freute sich, dass die Matriarchin, die älteste Wölfin weit und breit, noch am Leben war. So schön diese Nachricht war, so sehr wusste Zop, dass Halbmond in ihrem Alter nicht unbedingt die geeignetste Wölfin für ihn war. Spuren von anderen Weibchen fand er nicht. Mit seinem steifen Bein machte er rechtsumkehrt. Nach Westen zu ziehen, war keine Option für ihn. Müsste er dabei das ganze Gebiet der Krummschwanz-Wölfe durchqueren. Darauf hatte er keine Lust. Deshalb entschied sich Zop Richtung Mittagssonne zu wandern. Dort stiess er auf eine alte Spur von seiner ältesten Tochter Hiccup, die im Tal des Lichts ihr Territorium aufgebaut hatte. Zop war hoch erfreut, dass auch sie noch in der Gegend und am Leben war. Die alte Spur führte zu einer etwas jüngeren und schliesslich zu einer frischen Spur. Als er die frische Spur seiner ältesten Tochter beschnupperte, realisierte er, dass Hiccup nicht mehr allein war. Sie war mit einem Rüden unterwegs. Da Hiccup bald drei Jahre alt war, war die Wahrscheinlichkeit gross, dass Hiccup sich im März gepaart hatte und drauf und dran war, eine neue Familie aufzubauen. Diese Feststellung war enorm motivierend für Zop. Sollten Hiccup und ihr Partner ihn akzeptieren, so könnte er bei der Aufzucht ihrer ersten Jungen helfen. Freude kam bei diesem Gedanken auf. Die Frage war nur, ob Hiccup samt Partner dazu bereit war, ihn zu akzeptieren.

Die Antwort auf diese Frage kriegte Zop ein paar Tage später, als er auf Hiccup und ihren Auserwählten traf. Zunächst herrschte Anspannung zwischen den Wölfen, als sie sich aus der Distanz sahen. Zop blieb wie versteinert stehen, wedelte aber seinen Schwanz. Ein Zeichen des guten Willens. Hiccup sah das Wedeln und trat ihrerseits näher. Alsbald ihr der Geruch vom scheinbar fremden Wolf in die Nase stieg, realisierte sie, dass

es ihr Vater war. Nun wedelte auch sie ihre Rute. Ein Signal für Zop näherzutreten. Hiccups Partner blieb bei der Begegnung auffallend zurückhaltend. Die Körpersprache seiner Partnerin war unmissverständlich. Sie musste den fremden Wolf kennen. Hiccup hatte unterdessen zu ihrem Vater aufgeschlossen und zeigte inbrünstig, was sie vom Auftauchen ihres Vaters hielt. Sie tänzelte vor ihm hin und her und wedelte dabei ungestüm mit ihrem Schwanz, während sie winselte. Zu guter Letzt sprang sie vor Freude in die Höhe und stützte dabei ihre rechte Pfote auf der linken Schulter ihres Vaters. Dies liess Zop aufjaulen. Schmerzte doch sein vorderes linkes Bein zutiefst, nach all dem Kämpfen und dem vielen Laufen der letzten Monate. Hiccup erinnerte sich an das Hinkebein ihres Vaters und liess sofort von ihm ab. Stattdessen fing sie an, seine Schnauze zu lecken, als sei sie ein junger Welpe. Aus der Ferne beobachtete Hiccups Partner das Geschehen. Zop fiel nicht nur die zurückhaltende, aber freundliche Haltung des Rüden ins Auge, sondern auch ein auffallend starker schwarzer Strich, der von der Schulter bis zum Kopf, ähnlich einem Mohawk-Krieger, reichte. Der Partner von Hiccup war niemand anderes als der Sohn des mächtigen Papillons. Als Mohawk anfing, seinen Schwanz leicht hin- und herzubewegen, wusste Zop, dass nicht nur seine Tochter, sondern auch Mohawk seine Anwesenheit akzeptieren würde.
Die drei verstanden und verbündeten sich. Von nun an waren sie zu dritt unterwegs. In den kommenden Wochen musste Zop mehrmals auf die Zunge beissen, als er mit seinem Hinkebein zusammen mit Hiccup und Mohawk Hirsche und Rehe jagte. Es wollte nicht so recht. Immer wieder fiel er bei der Jagd zurück. Als Hiccup dies realisierte, erbeutete sie zusammen mit Mohawk einen ausgewachsenen Hirsch und nahm nur einige wenige Bisse für sich. Den Rest liess sie für Zop liegen. Dankend nahm Zop das Geschenk an und erinnerte sich daran, wie er das Gleiche getan hatte, als Hiccup schwer hinkend selbst nicht jagen konnte. Nun hatte seine Tochter sich revanchiert. Er schaute mit einem Gefühl der unendlichen Dankbarkeit seiner Tochter nach, als diese zusammen mit Mohawk in den Wald zog. Zop wusste, dass Hiccup nun einen geeigneten Platz für sich finden wollte, um zum ersten Mal in ihrem Leben Junge zur Welt zu bringen. Sie war nämlich hochschwanger. Grossvater Zop würde später nachziehen und helfen, ihre ersten Welpen grosszuziehen, das war der Plan. Bis es so weit war, schlug Zop sich den Bauch beim Hirschkadaver voll und nahm sich Zeit, sein lahmendes Bein so gut es ging zu genesen. Nach einigen Tagen war vom Hirschkadaver nur noch wenig übrig. Zop war erpicht, jeden noch so kleinen Happen des Kadavers zu verwerten.

Weckten doch die über Tage dauernde Mahlzeit und all die Ruhezeiten nicht nur seine Lebensgeister, sondern trieben den Heilungsprozess seines lädierten Beins zügig voran. Als er sich am 10. Mai nach einem langen Verdauungsschlaf wieder zum Riss aufmachte, scheuchte er zunächst die Raben weg, die sich auf und rund um den Kadaver versammelt hatten. Es machte Zop sichtlich Spass, den Raben hinterherzujagen. Danach machte er sich genüsslich an einen der herumliegenden Knochen. Mit seinen starken Kiefern und stahlharten Zähnen vermochte er den Knochen aufzubrechen und gelangte so an das nährreiche Mark. Bald könnte er zu seiner Tochter gehen und auf die Welpen aufpassen. Er stellte sich vor, wie die Dreikäsehochs auf seinem Rücken umher turnten und ihm in seine Ohren bissen. Eine tiefe Vorfreude breitete sich in seiner Brust aus. Tatsächlich war er so guter Dinge, dass er sogar einem Fuchs erlaubte, einen herumliegenden Knochen zu holen. Der Fuchs war erstaunt, dass Zop ihm nicht hinterherjagte. Als er dies bemerkte, vergrub er schleunigst den Knochen auf Vorrat und kehrte zurück. Von einem nahen Hügel schaute er mit freudiger Miene zum Wolf runter. Bei Zop selbst kamen Erinnerungen an eine ähnliche Situation auf. Nur war es damals er gewesen, der einem übermächtigen Gegner in Form eines Braunbären gegenübergestanden hatte und der Bär ihm letzten Endes erlaubt hatte, von der Beute ein wenig zu fressen. Wie froh und dankbar er damals für die Gutmütigkeit des Bären gewesen war. Zop sah den Fuchs an und liess ihn gewähren, genauso, wie es damals der Bär getan hatte. Es störte ihn auch nicht, als der Fuchs nur unweit von ihm einen grossen Knochen holte und sich mit der Beute davonmachte.
Als Zop dem Fuchs voller Erinnerungen gutmütig nachschaute, nagte er weiter genüsslich und gut gelaunt an seinen Knochen. Auf einmal flogen einige Raben, die in den nahen Tannen sich niedergesetzt hatten, mit lautem Geschrei auf. Zop stand sofort auf, um zu schauen, was los war. Der Geruch von einem Zweibeiner stieg ihm in die Nase und liess seine Nackenhaare sträuben. Bevor er sich zurückziehen konnte, hallte ein Schuss durch die enge Schlucht. Zop spürte einen höllisch brennenden Schmerz in seiner Flanke und wurde von der Wucht des Geschosses nach hinten geworfen. Schwer atmend blieb er am Boden liegen. Aus seinen Augenwinkeln erkannte er am Waldrand, wie ein Zweibeiner mit einem Donnerstab in den Händen aus dem Wald trat. Der Mensch hatte Zop mit seinem Hinkebein beobachtet und sein Leben als nicht mehr lebenswert eingestuft. Noch bevor der Grünrock zu Zop herantreten konnte, schloss Zop seine Augen. Er stellte sich vor, wie Hiccup in wenigen Tagen

Welpen zur Welt brachte und wie Mohawk, der Partner von Hiccup, gut zu seiner Tochter und seinen Enkeln schauen würde. Diese Vorstellung versetzte Zop trotz den Schmerzen in eine friedliche, tief entspannte Stimmung. Denn er wusste in diesem Augenblick, dass sein Leben und das Leben seiner Biala nicht umsonst gewesen waren. Seine Gene und die von Biala lebten in ihren eigenen Kindern und den bald zur Welt kommenden Enkeln weiter. Zop atmete noch ein letztes Mal tief ein. Danach verabschiedeten sich seine Lebensgeister für immer von seinem Körper.
Weit oberhalb von Zop war Hiccup mit dem Graben ihrer Wurfshöhle beschäftigt. Sie hatte kurz innegehalten, als sie den Schuss gehört hatte. Mit mulmigem Gefühl fuhr sie mit dem Buddeln fort. Was sollte sie denn sonst machen. Der Kampf ums Überleben musste weitergehen.

Die grosse Reise

Der Judas-Plan

Mohawk, der Partner von Hiccup, bemerkte beim Ertönen des Schusses die Unruhe seiner Partnerin und er teilte ihre Sorgen. Als Sohn von Papillon wusste er wie kein Zweiter Wolf, was der Knall unten im Tal, wo Zop sich befand, bedeutete. Mohawk kannte Zop noch nicht so gut. In der kurzen Zeit, in der er seinen Schwiegervater kennenlernen konnte, hatte dieser ihn stark beeindruckt. Ohne zu zögern, setzte dieser zur Jagd an, schmerzendes Bein hin oder her. Und trotz des fortgeschrittenen Alters und des starken Hinkens liess er sich nicht nehmen, den Aufforderungen seiner Tochter zum Spielen nachzukommen. Wie Welpen balgten diese zwei des Öfteren im Morgengrauen. Da wusste Mohawk, dass Zop nicht nur der beste Babysitter sein würde, den er sich hätte wünschen können, sondern Mohawk erkannte viele gute Charakterzüge von Zop in seiner Hiccup. Der Tod von Zop bedeutete letztendlich aber auch, dass er und Hiccup keinen Babysitter hatten, der ihnen helfen könnte, die Welpen grosszuziehen. Wie sehr sie Zop hätten gebrauchen können, vor allem weil Mohawk in den vorherigen Wochen bemerkt hatte, dass sich ein grosses Luchsmännchen im Gebiet befand. Für ihn oder seine Hiccup machte er sich diesbezüglich keine Sorgen. Doch was, wenn sie beide auf der Jagd waren und keiner zu den Welpen schauen konnte? Mohawk wusste, dass Hiccup seine Sorgen wegen des Luchses teilte. Sie hatte ihre Begegnung mit dem Luchs, als sie in ihren jungen Jahren mit ihrer Schwester Socca unterwegs war, nicht vergessen. Mohawk dachte wieder an Zop und an die Handlungen der Zweibeiner. Dabei stiegen starke Erinnerungen hoch und er musste an seinen eigenen Vater Papillon denken. Wie es ihm und seiner Familie wohl erging, fragte er sich und wollte die Antwort eigentlich gar nicht wissen.

In Tat und Wahrheit war es so, dass die Zweibeiner, kurz nachdem sich Mohawk seinerzeit von seiner Familie verabschiedet hatte, im Gebiet von Papillon eine neue Welle von Besenderungsaktionen starteten. Der Plan sah jeweils so aus, dass die Menschen einen Wolf besenderten und diesen dann zur Familie zurückkehren liess. Einmal beim trauten Heim angekommen, wussten die Menschen immer auf den Punkt genau, wo der besenderte Wolf – und dessen Familie – sich befand. Dieses Wissen gab den Zweibeinern Kontrolle und Macht über Leben und Tod der Wölfe.

Der erste, der die neue «Judas-Wolf»-Strategie zu spüren bekam, war Azur, der zweijährige Sohn von Papillon. Er machte sich eines Tages im Winter auf, um sein elterliches Reich genauer auf eigene Pfoten zu erkunden. Dabei kam Azur an einer Siedlung vorbei. Dort beschnupperte er zwischen einigen im Winter leer stehenden Häusern die Umgebung und wurde dabei von einem Zweibeiner gesichtet. Die Sichtung blieb vorerst ohne Folgen. Doch ein paar Tage später, als er zum gleichen Ort zurückkehrte, wurde Azur von einem Geschoss getroffen, das von einem Grünrock abgefeuert wurde. Kurz danach wurde es Azur schwindlig und er verlor das Bewusstsein. Als er wieder aufwachte, bemerkte er etwas Merkwürdiges um seinen Hals. Azur hatte keine Ahnung, wie dieses Ding auf ihn gelangt war. Verzweifelt versuchte er, es abzustreifen und abzuschütteln. Es half nichts und bald gab er auf. Ihm blieb nichts anderes übrig, als mit diesem Etwas um den Hals zurück zu seiner Familie zu kehren. Als er heimkehrte, bemerkten Papillon und Doppelmond es sofort und beschnupperten ihren Sohn intensiv. Es war ihnen bewusst, dass das Ding um den Hals von Azur das Werk der Menschen war. Für geschlagene vier Stunden versuchten alle Familienmitglieder abwechslungsweise das GPS-Halsband von Azurs Nacken abzunagen. Es gelang ihnen nicht. Azur war das Ganze nicht geheuer. Er hatte die Vermutung, dass es seiner Familie Unglück bringen würde. Sein Instinkt riet ihm, die Familie zu verlassen. Weil er so oder so Abwanderungsgedanken hegte, schien es ihm das Richtige zu sein. Es war in dem Monat, als seine Mutter Doppelmond hochträchtig war, als Azur sich aufmachte, seine Familie auf Nimmerwiedersehen zu verlassen. Er lief nach Osten, soweit er nur konnte.
Als Azur das Gebiet verlassen hatte, tauchte wie aus dem Nichts Scar wieder auf. Er hatte sich nach einem Ausflug ins Gebiet der Rheinquelle entschieden, noch mindestens einen Sommer bei seiner Familie zu bleiben und kehrte somit zu seinen Eltern zurück, um bei der Aufzucht der neuen Welpen zu helfen. Papillon und Doppelmond waren erleichtert, als sie Scar antraben sahen. Denn schlussendlich war Scar einer der geschicktesten Jäger der Familiengeschichte. Sie konnten ihn gut gebrauchen.

Als Doppelmond unter die Erde kroch, um in einer selbstgegrabenen Höhle Welpen zur Welt zu bringen, war sie guter Dinge. Auch weil sie sich

entschieden hatte, nicht die gleiche Wurfshöhle wie letztes Jahr zu benutzen. Die Erinnerungen an die Vertreibungsaktion durch die Zweibeiner waren immer noch zu wach. Deshalb die Standortverschiebung. Die neue Wurfshöhle befand sich zwar immer noch auf der gleichen Seite des Thors-Hammer-Bergs. Dieses Mal jedoch in der Nähe eines wilden Bachs. Insgesamt war das Gebiet einfach zu gut, um es mir nichts, dir nichts ganz aufzugeben. Mit dem neuen Standort der Wurfshöhle erhoffte sich Doppelmond eine störungsfreie Aufzuchtzeit der Welpen. Papillon selbst war mit dem Entscheid seiner Lebenspartnerin mehr als zufrieden. Zusammen mit Scar und zwei weiteren Welpen aus dem Vorjahr, die bei ihnen geblieben waren, sollte es eine gute Jagd- und Welpensaison geben. Die zwei Welpen aus dem Vorjahr waren ein Männchen und ein Weibchen. Der Rüde war ein mittelgrosser Jungwolf mit einer gutmütigen, wenn auch ein wenig tollpatschigen Natur. Seine Lieblingsbeschäftigung war das Jagen von Mäusen. Immer wieder schaute die ganze Familie Topolino amüsiert zu, wie dieser den kleinen Nagetieren nachstellte. Vor allem im Winter machte es Spass, ihm zuzuschauen, wenn er in Fuchsmanier bei seinen Mäusejagden mit dem Gesicht voran in den neugefallenen Schnee sprang. Nach solchen «Jagdexploits» war sein Gesicht oft schneebedeckt und nur seine hellen Augen schienen unter dem kühlen Weiss hervor. Seine gleichaltrige Schwester Toppa, eine kleinwüchsige Jungwölfin mit auffallend grossen Pfoten, war da viel pragmatischer und vergeudete selten Energie bei solchen Jagden, die so wenig Ertrag erbrachten.
Die Taktik von Doppelmond, die Wurfshöhle zu wechseln, schien aufzugehen. Die Störungen blieben in den ersten Wochen fern. Kein Zweibeiner drang zur Kinderstube vor. Topolino und Toppa wechselten sich bei der Betreuung der Welpen ab. Die Welpen selbst liebten vor allem den etwas unbeholfenen Topolino. Mit ihm zu spielen, machte unendlich viel Spass. Als Topolino dies bemerkte, fing er an, von der Jagd Spielzeug für die Welpen mitzubringen. So brachte er einmal ein Stück Hirschgeweih mit und übergab es den Welpen als Spielzeug. Ein anderes Mal brachte er ein altes, von den Zweibeinern liegengelassenes Seilstück. Damit liess sich vorzüglich Seilziehen spielen.
Im Verlauf des Sommers wechselte Doppelmond den Standort der Welpen. Das hatte dieses Mal nichts mit den Zweibeinern zu tun, sondern war Teil der normalen Welpenaufzuchtsroutine. Doppelmond hatte einen perfekten Rendezvousplatz für die Welpen gefunden. Der Umzug verlief problemlos in einer hellen Vollmondnacht. Vom neuen Standort aus erkundeten die sieben Welpen mit Enthusiasmus die Umgebung. Immer

waren entweder Topolino oder Toppa mit von der Partie, um auf sie aufzupassen. Sollte einmal einer der Welpen zu weit weglaufen, kam es auch schon vor, dass einer der Adulten herbeieilte, um den Ausbrecher zurück zum Rendezvousplatz zu eskortieren. Papillon selbst genoss diese unbeschwerte Zeit. Endlich schien es so zu funktionieren, wie er es sich gewünscht hatte.

Nahbegegnungen

Die Wolfsidylle änderte sich, als Mitte Sommer ein Zweibeiner mit einem Hund in der Nähe der Welpen auftauchte. Die Person lief von der offenen, weitläufigen Weidefläche bis zu einer Bergkante, von wo es steil nach unten ins benachbarte Tal ging. Papillon war weiter oben im Hang und beobachtete aus der Ferne mit Besorgnis den Zweibeiner. Nicht allzu weit weg von Mensch und Hund, im steilen Gelände unterhalb der Bergkante im Wald versteckt, war der neue Spielplatz seiner Welpen. Papillon wollte gerade aufstehen und zu Doppelmond und den Welpen hinuntergehen, da bemerkte er, dass sich Scar nur unweit vom Menschen auf einem Vorsprung unterhalb der Bergkante aufhielt. Scar hatte unterdessen die Eindringlinge bemerkt. Erinnerungen aus dem letzten Jahr stiegen bei Scar hoch. Damals war es offensichtlich, dass die Menschen sie verjagen wollten. Dieses Mal sah es harmloser auf. Trotzdem wollte Scar sich die Sache genauer anschauen und entschied sich vorsichtig über die Bergkante zu laufen, um sich das Ganze aus der Nähe anzusehen. Er war zu unvorsichtig und wurde entdeckt. Sein plötzliches Auftreten überraschte Hund und Mensch. Der Hund machte grosse Augen und versteckte sich hinter dem Zweibeiner. Dieser hob seine Stimme und schrie Scar an. Scar standen die Haare zu Berge und mit geduckter Haltung und eingezogenem Schwanz machte er rechtsumkehrt und lief zurück über den Berggrat, von wo er gekommen war. Der Zweibeiner lief daraufhin mit seinem Hund von dannen.

Eine Woche später musste Papillon erneut feststellen, dass derselbe Zweibeiner samt Hund fast wieder an der gleichen Stelle auftauchte. Wiederum befand er sich weiter oben im Hang, um sich von einer strengen nächtlichen Jagd zu erholen. Als er den Menschen sah, fragte er sich, was das Ganze zu bedeuten hatte. Bevor er länger über der Situation nachdenken konnte, sah er mit Entsetzen, wie drei seiner Welpen, sie waren unterdessen um die 12 Wochen alt, über den Bergrat stolzierten und aufs offene Feld hinausliefen. Sofort stand Papillon auf und gab ein warnendes Wuff von sich. Doch er war zu weit weg, um die Welpen auf sich und die nahe Gefahr aufmerksam zu machen. Papillon war zutiefst besorgt und aufgeregt. Was tun? Zu den Welpen herunterzurennen und eine nahe Konfrontation mit den Menschen und ihrem Hund zu wagen, wollte er nur im äussersten Notfall. Dies war nicht wie vor einem Jahr mitten im Wald. Dies war offenes Gelände. Viel zu riskant. So entschied er sich, zunächst mal aus der Ferne zuzuschauen, und hoffte, dass alles gut ging. Unterdessen hatte sich der Hund vom Menschen ein klein wenig entfernt und schnüffelte intensiv am Boden herum. Als die Welpen den Hund sahen, standen sie stockstill. Sie waren zutiefst verunsichert, aber auch ein wenig neugierig. Da ihre ganze Aufmerksamkeit dem Hund galt, hatten sie den Zweibeiner noch nicht bemerkt. Die Welpen blieben in Deckung und warteten ab. Dies beruhigte Papillon, der immer noch von weiter oben mit pochendem Herz herunterschaute, ein wenig. Der Hund selbst hatte derweil angefangen, etwas aus der Erde hervorzugraben. Da entschlossen sich die drei Welpen, in geschlossener Formation dem Hund zu nähern. Zu guter Letzt waren die Welpen vom immer noch buddelnden Hund nur noch einen Steinwurf entfernt. Erst jetzt bemerkte der Hund die Welpen. Erstaunt schaute er auf und den Welpen direkt in die Augen. Diese erstarrten. Für einen schier endlos erscheinenden Moment wussten alle Beteiligten nicht so recht, was sie mit der Situation anfangen sollten. Ein Welpe fasste sich schliesslich ein Herz und kam dem perplex dastehenden Hund näher. Er war unterdessen so nahe, dass er den Hund gut riechen konnte. War es Freund oder Feind? Daran zu schnuppern kann nicht schaden, dachte der Welpe. Vielleicht liess es sich sogar mit dem wolfsähnlichen Geschöpf spielen? Falsch gedacht. Der Hund zeigte seine Zähne und fing an zu knurren. Dies wiederum zog die Aufmerksamkeit des Menschen auf den Hund. Als dieser die Wölfe nahe seinem Hund sah, erschrak er, hob den Stock und fing an, laut zu gestikulieren. Gleichzeitig rief er den Hund zu sich. Die Welpen erschraken beim Anblick des Zweibeiners und zogen sich bald wieder zurück über die Krete, von wo sie gekommen waren. Papillon atmete tief durch.

Das Verhalten des Zweibeiners irritierte Papillon. Was trieb dieser Mensch wiederholt so nahe bei seinen Welpen? Papillon erinnerte sich an die grosse Vertreibungsaktion durch die Zweibeiner vor einem Jahr und wurde noch misstrauischer, als er sowieso schon war, als noch am selben Abend dieselbe Person mit Verstärkung zurück ins Gebiet kam. Mit von der Partie waren zwei weitere Zweibeiner. Die drei Menschen beobachteten die Wolfsfamilie aus der Ferne. Ein Tag später tauchte zusätzlich ein weiterer Mensch auf und beobachtete aus nächster Nähe, wie die Welpen spielten. Als Doppelmond herbeikam und den einzelnen Zweibeiner nahe bei ihren Welpen sah, standen ihr die Haare zu Berge. Ihr ärgster Feind war ihnen wieder einmal auf die Pelle gerückt. Zusammen mit dem Rest der Familie leitete sie noch in derselben Nacht eine weitere Zügelaktion ein, bis sie in ein sehr hoch gelegenes Tal am Fusse eines 3000 Meter hohen Berges gelangten. Das hohe Tal war mit viel Steinschutt und Geröll gefüllt. Nicht unbedingt der sicherste Ort für die Welpen. Trotzdem, und darauf hatte es Doppelmond abgesehen, bot das mit vielen Bergstürzen gefüllte Hochtal sehr gute Rückzugsmöglichkeiten für ihre Welpen, sollten weitere Zweibeiner auftauchen.

Doppelmond, Papillon, Scar, Topolino und Toppa hatten alle Pfoten voll zu tun, um die Welpen am neuen Ort unter Kontrolle zu halten. Immer wieder brachen sie aus und erkundeten die Geröllhalden auf eigene Faust. Und immer wieder begaben sich die Adulten auf die Suche nach ihnen und begleiteten sie zurück zum Rendezvousplatz, wo sie sich tagsüber aufhielten. Dann eines Tages nahmen wieder einmal vier Welpen Reissaus. Als Doppelmond dies bemerkte, machte sie sich mit Toppa auf, um die Viererbande zu stellen. Dabei liefen sie regelrecht vor die Füsse von ungebetenen Gästen. Zwei Menschen waren im Hochtal aufgetaucht und überraschten die zwei adulten Wölfe, just in dem Moment, als sie auf dem Weg waren, die Welpen einzusammeln. Beide Seiten waren erstaunt über die Begegnung. Doppelmond und Toppa zogen sich sofort zurück. Zum Schrecken von Doppelmond hatten die Welpen andere Pläne. Sie entschieden sich, die zwei Zweibeiner näher zu inspizieren und liefen in deren Richtung. Die Menschen hatten jedoch wenig Freude an den Welpen und scheuchten diese mit ihren Wanderstöcken zu Doppelmond und Toppa zurück. Danach entspannte sich die Situation und die Wolfsfamilie schaute aus etwa 300 Meter, wie die Menschen von dannen gingen. Doppelmond ihrerseits leitete daraufhin eine erneute Standortverschiebung ein. Papillon gefiel dies alles ganz und gar nicht und er dachte, alles sei ein wenig übertrieben. Am liebsten wäre er noch ein Weilchen am gleichen Ort geblieben. Doch Doppelmond hatte in dieser Sache das Sagen und so fügte er sich den Plänen seiner Lebenspartnerin. Die ganze Familie wanderte um den 3000 Meter hohen Berg herum und verweilte die nächsten paar Tage an einem noch abgelegeneren Ort als bisher.

Wenige Tage später lag die belagerte Wolfsfamilie auf einer hochalpinen Wiese nahe einem kleinen Bergsee, umgeben von rauen Bergspitzen. Papillon und Doppelmond dösten Seite an Seite und schauten ab und zu den Welpen zu, wie diese auf einer grossen flachen Steinplatte ausgelassen herumtollten. Dann auf einmal ertönten zwei Donnerblitze und zwei Welpen wurden von der Steinplatte gefegt. Papillon konnte es nicht glauben.

Wiederum waren ihnen grüngekleidete Zweibeiner gefolgt und töteten zwei ihrer Welpen mit ihrem Donnerstab. Es kam noch schlimmer. Doppelmond und Papillon mussten drei Monate später mit ansehen, wie ein weiterer tödlicher Donnerblitz einen dritten Welpen von den Füssen fegte.

Kaum eine Wolfsfamilie im Rheinquell-Wolfsland blieb von den tödlichen «Strafaktionen» der Menschen verschont. Eine einzige nahe Begegnung mit Zweibeinern konnte lizenzierte Grünröcke mit ihrem Donnerstock auf den Plan holen, ganz zu schweigen, wenn sich eine Familie es erlaubte, einige schlecht geschützte Schafe zu erbeuten. So geschah es nicht nur bei Papillon und seiner Familie, sondern auch bei Hiccup und bei ihrem Versuch mit Mohawk ihre eigene Wolfsfamilie aufzubauen. Hiccup selbst hatte in ihrem bisherigen Leben schon viele Tragödien miterleben müssen und konnte dem Tod mehrmals mit viel Glück von der Schippe springen. Als sie noch ein kleiner Welpe war, musste sie miterleben, wie drei ihrer Geschwister nach einer nahen Begegnung mit den Zweibeinern über steile Felswände in den Tod stürzten. Einige Monate später wurde sie von einem Auto angefahren und schwer verletzt. Sie überlebte dank der gütigen Mithilfe ihrer Familie, allen voran dank ihres Vaters Zop und avancierte sogar zur beliebten Babysitterin. Ihre Pechsträhne schien endgültig vorbei zu sein, als sie an einem erbeuteten Reh in einer Dezembernacht auf Mohawk stiess. Hiccup war damals ein bisschen älter als zweieinhalb Jahre. Auch der um ein Jahr jüngere Mohawk hatte, als Sohn von Papillon, schon ein bewegtes Leben hinter sich. Nie vergass er, wie rechts und links von ihm zwei seiner Geschwister von einem Grünrock niedergeschossen wurden. Mohawk sah in Hiccup seine Chance, um endlich auf die Sonnenseite des Lebens wechseln zu können. Genau gleich sah es Hiccup. Es gelang ihnen, ihr eigenes Territorium zwischen den Gebieten von Papillons Familie im Süden und dem Krummschwanz-Clan im Norden aufzubauen und sich zu behaupten. Das Epizentrum ihres Reichs bildete ein eher unscheinbarer Berg, den die Menschen Wannaspitz nannten.
Leider war ihr erster Wurf nicht von Erfolg gekrönt. Nur ein einziger Welpe, Survivor, überlebte den Sommer. Unglückliche Umstände, vom Tod des potenziellen Babysitters Zop bis hin zum Raubzug eines mächtigen territorialen Luchsmännchens und tödlichen Tretfallen, forderten das Leben aller anderen Welpen. Das neue Wolfspaar gab jedoch so leicht nicht auf. Ein Jahr später gebar Hiccup sechs gesunde Welpen. Zusammen mit dem Babysitter Survivor gelang es dem jungen Paar, alle ihre

Welpen bis in den Herbst hinein über die Runden zu bringen. Die Wolfsfamilie war auf bestem Weg, sich etablieren zu können. Wegen des Erbeutens von ungenügend geschützten Schafen leiteten jedoch lizenzierte und nicht lizenzierte Zweibeiner drakonische Strafaktionen ein. Zunächst wurden im Herbst drei Welpen geschossen. Dann traf es Surivor. Das grosse Leiden für Hiccup ging weiter, als ihr Lebenspartner Mohawk von winzigen Kügelchen getroffen und verletzt wurde. In seiner Notlage wagte er sich danach im Schutze der Nacht an eine menschliche Siedlung heran, wo sich frei herumlaufende Schafe in und um das Dorf aufhielten. Dieser scheinbar leichte Beutezug wurde ihm letztendlich zum Verhängnis. Als das Schiesspulver sich legte, war nur noch Hiccup am Leben. Die Zweibeiner waren jedoch noch nicht zufrieden und wüteten weiter. Dabei stellten sie die bisherigen neun Leben von Hiccup auf die ultimative Probe, als ein Grünrock eines Tages der Wölfin zwischen die Beine schoss, um sie zu «vergrämen». Diese Vergrämungsaktion mit scharfer Munition liess Hiccup jaulend in die Höhe springen. Dabei verlor sie ihre Balance und kullerte unkontrolliert einen Hang hinunter. Beim Hinunterrollen riss ihre alte Beinverletzung, die sie sich vor Jahren bei ihrem schlimmen Verkehrsunfall zugezogen hatte, wieder auf. Die Tage und Wochen danach waren so schmerzvoll, dass sie sich letzten Endes kaum noch bewegen konnte. Dieses Mal war weder ihr Vater Zop noch ihr Partner Mohawk – allesamt waren sie von den lizenzierten Grünröcken getötet worden – hier, um sie wieder gesund zu päppeln. Hiccup zog sich humpelnd an den Ort zurück, wo sie ihren Traum einer eigenen Familie zusammen mit Mohawk gestartet hatte. Als sie sich mit schmerzenden Gliedern nahe einer Schlucht unter eine Tanne hingelegt hatte, drang ein einzelner Sonnenstrahl durch das Geäst und schien ihr direkt aufs Gesicht. Der wärmende Sonnenstrahl fühlte sich angenehm und tröstend an und erinnerte Hiccup an friedvollere Zeiten. Keine zwei Jahre zuvor hatte sie mit Mohawk genau an dieser Stelle gelegen und die warme Maisonne genossen. Sie war hochschwanger gewesen. Direkt über dem Wolfspaar sang damals eine Amsel wunderschön in den Tag hinein. Mit diesen idyllischen Erinnerungen schloss Hiccup ihre Augen und schlief für immer ein.

Abwanderungsgedanken

Die vielen durch den Menschen kreierten Tragödien in all den Wolfsterritorien hatten etwas in der Psyche der überlebenden Wölfe verändert. Vor allem bei der Familie von Papillon. Papillon bemerkte, dass trotz, oder besser gesagt, wegen des Handelns der Zweibeiner, seine Familie noch grösser und stärker geworden war, als es sonst der Fall gewesen wäre. Vor allem blieben immer mehr Halberwachsene bei ihm und Doppelmond. So blieben zuletzt gar fünf Subadulte bei ihnen. Davon war Scar mit seinen drei Jahren der Älteste. Dann folgte der zweijährige Topolino und drei Jährlinge. Einzig die zweijährige Toppa war unterdessen abgewandert. Auch ohne Toppa hatte Papillon mehr Helfer als je zuvor. Auf der einen Seite war dies gut und Papillon hatte seine Freude an seiner Grossfamilie. Auf der anderen Seite erhöhte es den Jagddruck enorm. Es ist das eine sieben Welpen zusammen mit Doppelmond und einem oder zwei Babysitter an der Seite grosszuziehen. Es ist etwas ganz anderes, wenn *fünf* Babysitter Teil der Familie sind.

In den ersten Jahren nach der Gründung der Thors-Hammer-Berg-Wolfsfamilie beschränkten sich Papillon, Doppelmond und ihr Nachwuchs vor allem auf die Jagd von wilden Paarhufern und völlig ungeschützten Schafen. Erst als die Zweibeiner anfingen, massiv Druck auf sie auszuüben, veränderte die Wolfsfamilie langsam, aber sicher ihr Jagdverhalten. Der Höhepunkt dieser Veränderung wurde im Sommer während der vierten Welpensaison erreicht. Nie zuvor und nie danach sollte die Thors-Hammer-Wolfsfamilie eine schlagkräftigere Jagdtruppe zusammen haben. Papillon war mit Scar, Topolino, zwei Jährlingen und Doppelmond unterwegs, als es ihnen erstmals in ihrer Geschichte gelang, eine ausgewachsene, rund 600 Kilogramm schwere Kuh zu erbeuten. Diese Beute sollte für eine Zeit lang für alle Familienmitglieder reichen. So kehrten in der nachfolgenden Nacht alle sechs Wölfe zur Beute zurück, um zu fressen. Nur ein Jährling blieb bei den Welpen. Als Papillon und Doppelmond sich der toten Kuh nähern wollten, nahmen sie viel Menschengeruch wahr. Sie witterten eine Falle der Zweibeiner und liessen den Kadaver links liegen. In den Augen von Papillon eine riesige Verschwendung. Somit musste neue Beute her. Es gelang der Familie vier Tage später auf einer nahen Alp erneut eine vulnerable Kuh ausfindig zu machen und sie alle gingen zum Angriff über. Ein Zweibeiner intervenierte, bevor die Wölfe die Kuh endgültig zu Fall bringen konnten. Danach entschieden sich Papillon, Doppelmond und Co. es zu lassen. Solch grosse Tiere zu erlegen war enorm schwer und gefährlich. Klappte es doch, dann waren die Chancen hoch, dass die Zweibeiner die Beute für sich in Anspruch nahmen, bevor sie sich daran satt fressen konnten. Es war die Mühe kaum wert. So kam es zu keiner weiteren erfolgreichen Jagd mehr auf eines dieser grossen Tiere. Dies, obwohl in Papillons Wolfsterritorium sage und schreibe rund 10 500 Kühe, davon rund 2200 geborene Kälber, Stiere und Ochsen lebten. Anders sah es bei den knapp 3500 Schafen der Region aus.

Papillon erinnerte sich, wie er und Doppelmond in ihrem ersten gemeinsamen Jahr auf der grossen Schafsalp nach Lust und Laune völlig ungeschützte Schafe hatten holen können. Ein Jahr später hatte Papillon kaum Interesse an den Schafen der grossen Schafsalp gezeigt, da Doppelmond einen Wurfsort gewählt hatte, der weit davon entfernt war. Auch im darauffolgenden Jahr wäre Papillon kaum bei den Schafen der grossen Schafsalp auf die Jagd gegangen, wären er und Doppelmond im Wurfsgebiet in Ruhe gelassen worden. Doch da es damals zu massiven Störungen im Welpenbereich kam, mussten Doppelmond und Papillon mit ihren Welpen zügeln. Die Standortverschiebungen leiteten den erneuten Jagdtrieb von Papillon auf der grossen Schafsalp ein. Im nächsten Jahr war es ähnlich gewesen und Papillon hatte, trotz der Aufrüstungsbemühungen der Zweibeiner, immer noch Schwächen bei der Führung der Schafherde bemerkt. Genau darauf spekulierte Papillon auch in diesem Sommer, als er sich zusammen mit Topolino und einem Jährling in Richtung Alp begab. Auf der Schafsalp befanden sich rund 600 Schafe. Zu ihnen gesellten sich fünf Herdenschutzhunde. Die Schafherde wurde in der Anfangsphase unterhalb riesiger Felsköpfe in sehr steilem Gelände gehalten.
Als Papillon mit seinen Söhnen im Anmarsch war, waren die Herdenschutzhunde, die auf die Schafe im steilen Gelände aufpassen sollten, im Nachteil. Der untere Teil der Schafweide war sehr weitläufig. Wegen der Steilheit stellten die Zweibeiner wie immer nicht konsequent Zäune auf. In Tat und Wahrheit weideten etliche Schafe frei und ohne Nachtpferch. All dies war im Sinne von Papillon und seinem Jagdtrupp. Doch Vorsicht war geboten. Die Steilheit und die Gefahr im unteren Teil der Alp war nicht zu unterschätzen. In der Vergangenheit, noch vor Papillons Zeiten, waren in diesem Gebiet schon etliche Tiere in die Tiefe gestürzt, darunter auch ein Hirtenhund. Trotz der Steilheit gelang es Papillon und seinen zwei Söhnen zwei Schafe zu erbeuten. Als sie in der Folgenacht wieder zu den Rissen gehen wollten, wurden sie von den Herdenschutzhunden er-

tappt. Mit lautem Gebell kamen fünf der grossen Hunde auf die drei Wölfe zu gerannt. Papillon, Topolino und der Jährling bliesen zum Rückzug. Sie wollten sich auf keinen Direktkampf einlassen. In der hektischen Verfolgungsjagd rutschte die erfahrenste aller Herdenschutzhunde im steilen Gelände aus und stürzte zu Tode. Die verbleibenden vier Herdenschutzhunde hatten in der Folge ohne ihre Anführerin Mühe, die sporadisch wiederkehrenden Wölfe in Schach zu halten.

So machten sich eines Nachts Topolino und ein Jährling voller Hoffnung auf den Weg zur grossen Schafsalp. Sie kamen nie wieder zurück. Aus der Ferne hörten Papillon und Scar, die nicht allzu weit von der Alp entfernt auf Hirschjagd waren, zwei Schüsse und erahnten, was geschehen war. Papillon war untröstlich. Von den insgesamt 29 Welpen, die Papillon zusammen mit Doppelmond in den letzten vier Jahren grossgezogen hatte, töteten die Zweibeiner mindestens elf, sprich fast 40 %. Auch Scar setzten die vielen Tragödien bei seiner Familie zu. So stark, dass er sich kurz nach dem Verlust seiner Brüder entschloss, seine Familie zu verlassen. Er wusste, dass er in einem Alter war, wo er gut für sich selbst sorgen konnte. Vielleicht fand er irgendwo in der Fremde ein Gebiet, wo die Zweibeiner nicht so erbarmungslos waren. Dies war seine grösste Hoffnung. Scar war nicht der Einzige, der solche Gedanken pflegte. 40 Kilometer weiter westlich lebte ein Wolf, der genau gleich dachte. Dies, nachdem er seine Mutter und Geschwister an wildernde Zweibeiner verloren hatte. Sein Name war Pelegrin.

Pelegrin, der Wanderwolf

Pelegrin, ein Neffe von Halbmond und Sohn von Tuma und Amur, wuchs nahe der Quelle des Rheins in einem Gebiet namens Stagias auf. Pelegrin war seit seiner Kindheit von einer Kühnheit und Unerschrockenheit geprägt, die ihresgleichen suchte. Er schien für Grösseres geschaffen zu sein. Dies fiel seiner Mutter Tuma in den ersten paar Wochen nach seiner Geburt gleich zweimal auf.

Da war einmal die Geschichte mit den Zweibeinern. Als Pelegrin und seine fünf Geschwister keine drei Wochen alt waren, musste Tuma ihre Jungen nach einer Störung von Zweibeinern notgedrungen zügeln. Sie liess ihre Jungen an einem Ort zurück, wo es sehr viele Rückzugsmöglichkeiten zwischen Steinen und dichtem Gestrüpp gab. Tuma hatte ihre Pflicht gerade erst getan, als wiederum Menschen auftauchten. Die Wolfsmutter gab ein kurzes Warngebell von sich und verzog sich im nahen Gebüsch, von wo sie unbemerkt die Zweibeiner beobachten konnte. Ihre Jungen hatten sich derweil unter einer Tanne versteckt, deren Äste bis zum Boden reichten. Als die drei Menschen nahe der Tanne, weitab von jeglichem Pfad, vorbeikamen, spürte Pelegrin die Vibration ihrer Schritte und nahm an, dass seine Mutter oder sein Vater zu ihnen kam. Er konnte sich trotz seines zarten Alters nicht zurückhalten und stürmte etwas ungestüm unter der Tanne hervor. Erst als er im Freien war, erkannte er seinen Fehler. Er war geradewegs zwischen den Beinen der Menschen gelandet! Als er die grossen Augen der Menschen auf sich herabsehen sah, versuchte er sich zwischen einigen nahen Heidelbeersträuchern zu verstecken. Die Menschen kamen wiederum sehr nahe an ihn heran und begutachteten ihn aus nächster Nähe. Pelegrin drückte sich ganz fest auf den Boden und machte keinen Mucks. Wolfsmutter Tuma hielt es in ihrem Versteck fast nicht mehr aus. Trotz der potenziellen Gefahr für ihren ungestümen Welpen blieb sie in Deckung. Sie hatte einfach zu viel Angst und Respekt vor den Leuten. Zu ihrer Erleichterung verzogen sich die Menschen kurz darauf, ohne dem Welpen Schaden zugefügt zu haben.

Nach dieser nahen Begegnung mit den Zweibeinern entschloss sich Tuma, ihre Jungen in eine alte Dachshöhle zu verfrachten. Diese hatte sie schon einige Wochen vorher genau für solche Zwischenfälle als alternative Wurfshöhle vorbereitet. Dort sollten sie nun sicherer sein. Zweibeiner tauchten nicht mehr in unmittelbarer Nähe auf, jedoch kam ein weiterer ungebetener Besucher an der Höhle vorbei und wiederum war es Pelegrin, der seinen unerschrockenen Charakter zum zweiten Mal innert kürzester Zeit unter Beweis stellen konnte.

Wolfsmutter Tuma hatte sich nahe der Höhle unter einer Tanne gelegt, als sie mit ungläubiger Miene bemerkte, wie ein ausgewachsener Hirschstier, dessen Geweih sich noch im Bast befand, sich der Höhle selbstbewusst näherte. Die Wolfsmutter liess den Hirsch gewähren, weil keine Gefahr für die Kleinen bestand, solange sie sich unter der Erde befanden. Und sie selbst hatte keine Lust, den Hirschen zu verjagen. Und so lehnte sie sich wieder zurück, ohne den Hirsch je ganz aus den Augen zu lassen. Pelegrin befand sich derweilen unter der Erde im Tiefschlaf. Auf einmal hörte er ein Geräusch, das ihn aufwachen liess. Ein grosses Tier nährte sich dem Höhleneingang. Dieses Mal stürmte Pelegrin nicht einfach aus der Höhle, sondern blieb mucksmäuschenstill. Er hatte seine Lektion gelernt. Schritt für Schritt kam das unbekannte Tier näher, bis der helle Eingang sich verdunkelte. Nun wurde der Rest der Welpen wach. Zusammen hörten die sechs Welpen das tiefe Schnauben eines grossen Tieres am Höhleneingang. Das grosse Tier beschnupperte den Eingang so intensiv, dass dabei Erde aufgewirbelt und in die Höhle gepustet wurde. Die Welpen rutschten enger zusammen und warteten zitternd ab, was als Nächstes geschehen würde. Zum Glück entfernte sich das schnaubende Wesen bald wieder. Pelegrin wartete zwei, drei Minuten ab und begab sich dann vorsichtig Richtung Ausgang. Kurz bevor er ins Freie trat, schaute er zurück, ob jemand anders ihm folgte. Die Antwort war: «Sicher nicht!» Trotzig nahm Pelegrin all seinen Mut zusammen und machte ein paar Schritte nach vorn, um ins Freie zu gelangen. Als er aus der Höhle hervortrat, mussten seine kleinen Augen sich zuerst an das grelle Licht gewöhnen. Er blinzelte ein wenig und drehte dann seinen Kopf nach links. Dabei starrte er direkt in die grossen Augen eines riesigen Tieres, das sich keine 15 Meter vom Höhleneingang entfernt aufhielt. Pelegrin war Auge in Auge mit einem mächtigen Rothirsch. Keine 100 Meter hinter dem Hirsch erkannte Pelegrin seine Mutter Tuma, die unter einer Tanne lag. Die Körpersprache seiner Mutter signalisierte, dass keine akute Gefahr von diesem Geweihträger ausging. Dies machte Pelegrin Mut und er machte ein paar weitere Schritte Richtung Ungetüm. Der Hirsch seinerseits war sich seiner Sache, trotz der Anwesenheit von Tuma, sicher. Mit grossem Interesse schaute er nun auf diesen jungen, unerschrockenen Wolfswelpen herab. Mit einem einzigen Huftritt könnte er diesen kleinen Wolf töten, wenn er wollte. Dieser Gedanke ging ihm kurz durch den

Kopf. Doch er hielt sich zurück. Auch, weil dieser kleine Dreikäsehoch ihn mit seinem Mut beeindruckte. Und zudem wollte er die nahebei liegende Tuma nicht provozieren. Wer weiss, vielleicht waren noch mehr adulte Wölfe in der Nähe. Pelegrin selbst war fasziniert vom Hirsch. Er war so gross, so stark, so anders. Da war mal das lang gezogene Gesicht, die grossen Nasenlöcher, die langen Ohren und natürlich das Geweih, das sich in der Wachstumsphase befand und somit mit einer Art behaarten, flauschigen Haut überzogen war. Er begutachtete den Stier weiter und bemerkte, dass das Tier statt Pfoten Hufe hatte. Und einen langen Schwanz konnte Pelegrin auch nicht erkennen. Was in aller Welt war dieses Geschöpf? Eine weitere Minute verging. Pelegrin wich keinen Zentimeter zurück und starrte weiter in Richtung Stier. Dieser verlor das Interesse am kleinen Wolf und ging langsamen Schrittes weiter. Pelegrin schaute mit pochendem Herzen dem Hirschen nach und dann in Richtung Tuma, die immer noch unter der Tanne lag und ihn gutmütig anstarrte. Dann machte Pelegrin rechtsumkehrt und stolzierte mit breiter Brust zu seinen Geschwistern im Bau zurück.

Knapp ein Jahr nach diesem unerschrockenen Auftreten, machte sich Pelegrin auf, sein elterliches Gebiet zu verlassen. Sein Herz schmerzte zutiefst, weil er seine geliebte Mutter Tuma und seine jungen Geschwister an wildernde Zweibeiner verloren hatte. Nur noch sein Vater Amur und seine Schwester Selva waren übrig geblieben. Er selbst wollte einfach nur weg, und zwar so weit, wie seine Pfoten ihn trugen. Vielleicht stiess er dort, so seine Hoffnung, in eine wolfsfreundlichere Gegend vor.
Seine Reise startete er in einer sternklaren Juninacht. Er stieg auf einen Hügel, der unterhalb eines massiven, schön geformten Berges lag, drehte sich noch einmal um und schaute zurück in Richtung Rheinquelle. Zu seiner Linken sah er die Silhouetten seines Vaters Amur und seiner Schwester Selva einer Krete entlanglaufen. Wehmut stieg in ihm hoch. Doch er hatte seinen Entschluss gefasst. Pelegrin schaute in den Nachthimmel hoch und fing an, in die gleiche Richtung zu laufen, die die milchige Sternstrasse hoch über ihm anzeigte. Seine ersten verhaltenen Schritte wechselten bald in einen gleichmässigen Trott. Er stieg in ein Tal hinunter, an dessen Grund ein Bergfluss floss. Dies war die äusserste Grenze seines elterlichen Territoriums. Mit grossen Sprüngen liess er das rauschende Wasser hinter sich und begab sich ins Gebiet der Krummschwanz-Wolfsfamilie. Deren Gebiet durchschritt er unbeschadet in flottem Tempo, ohne einen Halt zu machen. Danach passierte er hinter-

einander das Gebiet von Hiccup, die zu dieser Zeit noch am Leben war, und das von Papillon. Als er beim Territorium von Halbmond – seiner Grossmutter – ankam, verliess er die Fliessrichtung des Rheins und begab sich in der folgenden Nacht über einige hohe Pässe bis in ein Hochtal, das mit vielen Lärchen bestückt war. Von dort an lief er, angetrieben von einem starken Verlangen, ein neues Leben in der Ferne aufzubauen, zielgerichtet gegen Osten. Nacht für Nacht lief er ununterbrochen weiter. Einmal waren es um die 50 Kilometer, einmal die Hälfte davon. Keine Schlucht war ihm zu tief, kein Gebirge zu hoch. Nicht mal zwei aneinandergereihte, lange Seen, aus deren Wasser ein steinerner Turm ragte, konnten seine Wanderlust stoppen. Weiter ging es, ohne gross nachzudenken. Erst als er sich in der zwanzigsten Nacht inmitten eines 3500 Meter hohen Gletschers wiederfand, fragte er sich, ob es die richtige Entscheidung war, abzuwandern. Er schaute zum dunklen Nachthimmel hoch und horchte in die Ferne. Eine unendliche Stille umgab ihn. Die Sterne leuchteten in all ihrer Pracht und hinter einer fernen Bergkuppe tauchte der Mond auf. Die unendliche Weite rund um ihn herum liess ihn klein und unbedeutend erscheinen. Der aufsteigende Mond hingegen gab ihm ein Gefühl von Geborgenheit. Da wusste er, dass es die richtige Entscheidung war. Weiter gings!

Pelegrin stieg vom hohen Gletscher ins nächste Tal hinab und lief unbeirrt weiter. Nacht für Nacht. Erst nach sieben intensiven Laufwochen gönnte sich Pelegrin eine längere Pause und erkundete ausgiebig die Gegend rund um einen mitten im Wald gelegenen Bergsee. Im moosbewachsenen Wald fand er Nahrung in Hülle und Fülle. Rehe und Hirsche und ab und zu unbeaufsichtigte Schafe bildeten seine Hauptbeute. Hie und da fand er Spuren von fremden Wölfen, die wie er Getriebene und nur auf der Durchreise waren. Spuren von Wolfsfamilien hatte er, seit er das Gebiet von Halbmond durchstreift hatte, keine mehr gefunden.

Es war bereits Mitte September, als Pelegrin die Region rund um den idyllischen Bergsee hinter sich liess und weiter nach Osten wanderte. Je weiter östlich er lief, desto weniger Spuren von Artgenossen fand er, bis er schlussendlich in ein Land vordrang, wo die Spuren von anderen Wölfen komplett erloschen waren. Dies war nicht die einzige Veränderung, die Pelegrin auf seiner langen Reise wahrnahm. Je weiter östlich er lief, desto flacher wurde das Land. Eines Tages musste er innehalten und seine Augen reiben, als er erkannte, dass am Horizont keine einzige Bergspitze mehr zu erkennen war. Seine Augen wussten nicht so recht wohin. Diese Feststellung verunsicherte ihn. Machte ihm Angst. Von nun an stiess er in eine noch unbekanntere Welt vor, als es bisher schon der Fall gewesen war. Zurücklaufen wollte er nicht. Zu weit war er gelaufen und zu sehr reizte ihn die Ferne, das Unbekannte, das grosse Abenteuer. Und je weiter weg er sich von den Bergen entfernte, desto grösser wurde das Land, die Wälder, die Flüsse, der Himmel. Sogar die menschlichen Siedlungen schienen an Grösse zuzunehmen. Seinen ersten Winter verbrachte Pelegrin vor den Toren einer Stadt, die so gross war, dass sie den ganzen Horizont füllte. Die Zweibeiner nannten diese Stadt Wien. Pelegrin wusste nichts von den Errungenschaften in Sachen Musik oder Architektur der Zweibeiner, die in dieser Stadt lebten oder gelebt hatten. Alles, was er wollte, war die Stadt zu umrunden und weiter nach Osten zu laufen. Er entschied sich nach Norden zu wandern, bis er auf den grössten Fluss stiess, den er je gesehen hatte. Nein, es war kein Fluss. Es war ein mächtiger, breiter, reissender Strom. Pelegrin versuchte insgesamt viermal den Fluss, die Donau, in der Nacht zu durchschwimmen. Und jedes Mal, als er sich in die Fluten wagte, verliess ihn sein Mut, als eine starke Strömung drohte ihn mitzureissen. Und jedes Mal schwamm der Wanderwolf zurück zum sicheren Ufer. Letzten Endes entschied er sich gegen weitere Schwimmversuche und kehrte dem grossen Wasser den Rücken zu. Somit blieb ihm nur noch der Weg nach Süden, um die Megasiedlung zu umwandern. Dabei stiess er in den angrenzenden Wäldern nebst auf die ihm bekannten Rehe und Hirsche auch auf junge Wildschweine, die er anfing, erfolgreich zu jagen. Wildschweine waren nicht die einzigen Tiere, die er vorher noch nie gesehen hatte. Eines Tages stiess er auf zwei Tiere, die ähnlich aussahen wie er selbst. Diese Tiere waren kleiner als er, jedoch grösser als ein Fuchs. Eine Gefahr waren die Goldschakale für ihn nicht, auch wenn sie ihn für eine Zeit lang wie ein Schatten verfolgten. Ein paar Scheinattacken reichten immer, um sie auf Distanz zu halten.

Pelegrin war schon sage und schreibe acht Monate unterwegs, als er es es endlich schaffte, Wien zu umrunden und weiter nach Osten zu ziehen. Dabei wurde er immer wieder mit für ihn unbekannten Dingen und Situationen konfrontiert. Mitunter fand er sich in Gegenden, die ihm grosse Angst einflössten. So geriet er eines Nachts in ein Feld, wo riesige Räder sich im Wind drehten und gespenstische Laute von sich gaben. An deren Füssen fand er viele tote Vögel und sogar Fledermäuse. Das Ganze war ihm nicht geheuer. In einer anderen Nacht durchquerte er ein Feld, das mit grossen eisernen Masten bespickt war, die untereinander mit Drähten verbunden waren. Diese Drähte summten so unangenehm laut vor sich her, dass er Kopfweh kriegte. Und dann waren da noch diese riesigen

Menschenwege, die mit Zäunen umgeben waren und auf denen unzählige Blechkarren in unnatürlich hoher Geschwindigkeit hin und her sausten. Diese riesigen Menschenwege zu überwinden, war wohl die grösste Herausforderung auf seiner langen Reise. Zum Glück fand er immer wieder hier und dort eine Unter- oder Überführung, die ihm half, auf die andere Seite zu gelangen, ohne auch nur eine Pfote auf den Asphalt setzen zu müssen. Nicht alle Menschenwege waren jedoch ein Hindernis. Manchmal halfen die von Menschen errichteten Wege, eine sonst unüberwindbare Schlucht zu durchqueren. Letzten Endes konnte er allen Gefahren trotzen und stiess in ein Land vor, wo die Wälder noch grösser waren, als er es sich in seinen kühnsten Träumen erhofft hatte. In diesen Wäldern wuchs Pelegrins Sehnsucht nach einer Partnerin. Angetrieben von dieser Sehnsucht marschierte er weiter. Dabei wollte er endlich diesen riesigen Strom durchschwimmen, der wie eine titanische Schlange durch das Land schlängelte. Als er inmitten der wölfischen Paarungszeit an die Tore einer zweiten Megacity stiess, fragte er sich, ob er es je schaffen würde. Er verweilte vor den Toren der Stadt, die von den Menschen Budapest genannt wurde, etwas mehr als drei Wochen. Dabei erkundete er die Umgebung ausgiebig und jagte vor allem Rehe, die wie er vor den Toren der Stadt in den Wäldern und weiten Feldern unterwegs waren, um seinen Hunger zu stillen. Was Pelegrin zu dieser Zeit auffiel, war, dass jedes Mal, wenn er ein Reh oder sonst was gejagt hatte und zwei, drei Tage am selben Ort blieb, Zweibeiner auftauchten, die die Überreste seiner Beute inspizierten. Sie waren ähnlich bekleidet wie die Grünröcke in seiner Heimat, jedoch mit dem enorm wichtigen Unterschied, dass diese Grünröcke ihm nicht auf die Pelle rücken wollten – im Gegenteil. Eines Tages sah er solch einem Grünrock direkt in die Augen und erkannte vor allem eins: Freude! Nichtsdestotrotz traute er den Menschen nicht über den Weg, konnten sie noch so hell über das ganze Gesicht strahlen.
Nachdem Pelegrin die Gegend westlich von Budapest für fast einen Monat ausgekundschaftet hatte, entschloss er sich, weiterzuwandern. Dabei geriet er irrtümlicherweise auf einen Menschenweg, der ihn direkt zwischen einige riesigen Bauten der Menschen brachte. Es war, als ob er durch eine enge Schlucht wandern musste, an deren Seiten steile Wände gegen den Himmel ragten. Es waren jedoch nicht felsige Wände, sondern die Wände von monströsen, von Menschenhand gebauten Gebäuden. Wie viele Zweibeiner wohl nur in einer einzigen dieser Behausungen lebten? Und wie viele Zweibeiner es wohl in der ganzen Megasiedlung gab? Sicherlich viel mehr als alle Wölfe auf der Welt zusammen. Da war sich

Pelegrin sicher. Dieser Gedanke liess ihn zutiefst erschaudern und er bemühte sich, so schnell er konnte aus den Gassen der Stadt zu gelangen. Mit viel Glück und unter Hundegebell fand er einen Pfad, der ihn zurück in den nahegelegenen Wald brachte. Von dort liess es sich gut auf offenen Feldern und im nahe gelegenen Wald parallel zur Stadt und zum Fluss nach Norden wandern, bis er an eine Stelle gelangte, an der die Donau sich in zwei Arme gabelte. Hier sah Pelegrin eine reelle Chance, den Fluss zu durchschwimmen. Er zögerte nicht lange. Den ersten kleineren Arm durchschwamm er noch in derselben Nacht, in der er das grosse Gewässer sah, und dies ohne Mühe. Als er beim zweiten Arm ankam, hatte Pelegrin Zweifel, ob er auch diesen so mühelos durchschwimmen konnte. Er versteckte sich am Tag im nahen Wald auf einer Anhöhe mit Blick auf den Fluss. Dabei beobachtete er nicht nur die Strömung, sondern auch das muntere Treiben der Zweibeiner. Einige spazierten auf der gegenüberliegenden Uferseite mit ihren Hunden dem Fluss entlang. Andere waren mit ihren komischen Zweirädern unterwegs und wiederum andere versuchten auf der Insel, auf der er sich befand, weisse Bälle in ein Loch zu versenken. Dann gab es Menschen, die mit kleinen Booten, die einem Baumstamm glichen, auf dem Wasser unterwegs waren. Dann und wann passierten noch viel grössere «Baumstämme», auf denen Pelegrin enorm viele Menschen erkennen konnte. Die Menschen wirkten auf Pelegrin, je länger, je mehr er sie beobachtete, noch fremder und noch bedrohlicher.

Zwei Tage und zwei Nächte verweilte er auf der Insel inmitten der Donau. In der dritten Nacht hatte sich in Pelegrins Herzen genug Mut angesammelt, dass er einen erneuten Versuch starten wollte, um das grosse Gewässer zu durchschwimmen. Die Sterne funkelten hell am mondlosen Nachthimmel, als Pelegrin sich ans Ufer wagte. Im letzten Moment verliess ihn sein Mut und er wollte umkehren. Da schlipfte er auf dem lehmigen Boden aus und purzelte rückwärts ins Wasser. Nun gab es kein Zurück. Schwimmen oder ertrinken. Pelegrin paddelte anfänglich so schnell und panisch, wie er nur konnte. Nach dem ersten Schreck realisierte er jedoch, dass der Fluss an dieser Stelle zwar breit war, jedoch gemächlich dahin mäanderte. Keine starke Strömung erfasste ihn. Im Gegenteil. Als er in der Mitte des Flusses ankam, fühlte er sich so wohl in seinem neuen Element, dass er für eine Weile aufhörte zu paddeln. Stattdessen richtete er seinen Blick gegen den Nachthimmel, der mit unendlich vielen Sternen bedeckt war. Ohne je den Himmel aus den Augen zu lassen, trieb er fast schwere- und lautlos den Fluss hinunter. Ab und zu hörte er leises Schnattern von Enten oder der einsame Ruf einer Eule. Als eine Sternschnuppe den Himmel kurz aufleuchten liess, erwachte er aus seinem tranceähnlichen Zustand und fing wieder an zu paddeln. Ohne Hast schwamm er die letzten Meter bis zum steinigen Ufer. Als er aus dem kalten Nass stieg, schüttelte er sich das Wasser aus dem Fell und hopste nahe ein paar Häusern ins Gebüsch. Endlich hatte er es geschafft, den grossen Strom hinter sich zu lassen.

Nach der Durchquerung der Donau führte Pelegrins Weg zunächst weiter gegen Norden auf einen Hügel. Als er beim Hügel angekommen war, nahm seine Nase einen penetranten, aber schmackhaften Duft wahr. Er kehrte zurück in die Richtung, aus der er gekommen war, und nahe einem Menschenweg entdeckte er zwei tote Ziegen. Es war genau das Richtige für ihn nach seinem Exploit beim grossen Fluss. Nach dem Festmahl und mit vollem Magen marschierte er einige Stunden später weiter Richtung Nordosten und musste plötzlich an seine Heimat denken. Wie es wohl seiner Familie ging? Hätte jemand Pelegrin eine Nachricht überbringen können, dann wäre er vor Freude in die Luft gesprungen. Pelegrins Vater Amur hatte nämlich sein Territorium mittlerweile an Selva, Pelegrins gleichaltrige Schwester, überlassen und sich auf der Suche nach einer neuen Partnerin in fremdes Gebiet aufgemacht. Selva hatte einen guten Partner gefunden und war daran, eine neue Familie aufzubauen. Nichtsahnend, was genau in seiner alten Heimat vor sich ging, lief Pelegrin weiter gegen Nordosten. Nach ein paar Tagesmärschen stiess er zum ersten Mal seit seiner langen Wanderung auf Spuren von Artgenossen. Pelegrin war auf gutem Weg, die Gene der Halbmond-Wolfsdynastie bis in ferne Länder zu bringen.

Frohen Mutes schlenderte Pelegrin weiter durch die Nächte, jagte Rehe und Wildschweine, stibitzte ab und zu von einem Riss einer heimischen Wolfsfamilie und schlief die Tage hindurch. Pelegrin war mit sich und der Welt zufrieden. Eines Nachts stiess er auf eine eingezäunte Autobahn, die ihm den weiteren Weg gegen Nordosten versperrte. Er suchte nach einem Weg, die Barriere zu überwinden und wanderte dem Zaun entlang, bis er auf eine Unterführung stiess, die unter dem grossen Menschenweg hindurchführte. Vorsichtig lief er unter der Autobahn hindurch, bis er ungefähr in der Mitte angelangt war. Ihm war nicht ganz geheuer und er zögerte. Genau in diesem Moment fing auf einmal die Erde an zu zittern und ein ohrenbetäubender Lärm entstand, als ein riesiger Lastwagen über seinen Kopf hinwegdonnerte. Tief erschrocken rannte Pelegrin zurück, von wo er gekommen war, und eilte über ein offenes Feld hinauf Richtung

rettenden Wald. Noch bevor er den Wald erreicht hatte, blieb er stehen und blickte nochmals zurück auf den Menschenweg. Alles war wieder ruhig. Der Nachthimmel war bedeckt und Pelegrin entdeckte weder Sterne noch Mond. Da tauchte etwas, das wie eine riesige Libelle aussah, direkt über seinem Kopf auf. Pelegrin mochte dieses schwebende Ding nicht und versuchte, es loszuwerden, indem er weiter Richtung Wald rannte. Jedoch konnte er das summende Ding nicht abhängen. Was wollte es von ihm? Als wäre dies nicht unangenehm genug, tauchte in der Ferne ein schwebendes Licht auf. Es kam schnell und lautlos näher. Pelegrin realisierte, dass es ein Auto war und dass dieses Ding über seinen Kopf auf irgendeiner mysteriösen Art und Weise mit der Blechkarre zusammenhing. Das Auto näherte sich ihm im schnellen Tempo und kam ungefähr 100 Meter vor Pelegrin zum Stillstand. Pelegrin, der den rettenden Wald immer noch nicht erreicht hatte, blieb stehen und sah, wie beim Auto das Fenster aufging. Das Letzte, was Pelegrin hörte, war ein dumpfer Knall. Innert Sekundenbruchteilen schossen Pelegrin viele glückliche Momente seines Lebens durch den Kopf. Er sah, wie er als junger Welpe einem mächtigen Rothirsch furchtlos gegenübergestanden war. Er sah, wie er mit seiner Schwester Selva am Spielen gewesen war und wie er zusammen mit seinen Eltern Amur und Tuma zum ersten Mal eine Gämse zu Fall gebracht hatte. Zuletzt sah Pelegrin, wie er wenige Tage zuvor, nach einer fast 2000 Kilometer langen Reise, die mächtige Donau lautlos durchschwommen hatte. Kurz nachdem sein Leben im Blitztempo vor seinem inneren Auge vorbeigezogen war, machte Pelegrin seinen letzten Atemzug. Sein Traum, eine eigene Familie in der Fremde aufzubauen, blieb ihm verwehrt, als ihn in dieser Nacht ein Zweibeiner ohne Grund kaltblütig erschoss. Pelegrin war so weit wie kein anderer Wolf vor ihm auf diesem Kontinent gewandert.[2]

2 Siehe Karte am Ende dieses Buches.

Der zweite Frühling

Lebensschule

Als Pelegrin noch am Leben war und sich mitten auf seiner Reise befand, bereiteten sich viele Hunderte Kilometer Luftlinie weiter westlich Papillon und Doppelmond vor, mit dem Rest der verbliebenen Familie ihr ganzes Reich zu durchwandern. Die Lebensschule für die Welpen stand an. Es gab viel zu lernen für die erst fünf Monate alten Jungwölfe. Mit dabei waren auch noch zwei übrig gebliebene Jährlinge. Der eine Jährling war Castor, ein Jungwolf, der es in seiner Jugend geschafft hatte, einen Biber zu erbeuten, als die Familie einen seltenen Ausflug zu den Ufern des Vorderrheins gemacht hatte. Der andere Jährling war eine auffällig helle Wölfin namens Alva.
Es herrschte grosse Aufregung und Vorfreude auf das bevorstehende Erkunden des weitläufigen Wolfterritoriums rund um Thors Hammer. Der Spätherbst ist die weitaus schönste Jahreszeit für eine jede Wolfsfamilie. Die Paarungszeit und damit die erhöhten Hormonpegel sind noch weit weg. Die meisten Zweibeiner sind hoch oben in den Bergen wie vom Erdboden verschluckt. Mit ihnen auch ihre Nutztiere. Die Natur und all ihre wilden Bewohner haben nun für einige wenige Wochen die atemberaubende Berglandschaft für sich.

Doppelmond und Papillon planten, mit ihren Sprösslingen durch ihr ganzes Revier zu ziehen und dabei ihren Hausberg zu umrunden. Die Stimmung war besonders ausgelassen. Immer wieder preschten die Jungwölfe vor und spielten miteinander. Ab und zu liess Papillon sich überreden, mitzuspielen. Seltener sogar Doppelmond. Es waren einige der besten Familienmomente in Papillons Leben.

Die erste Etappe brachte die Familie von einem tief gelegenen Pass ins Gebiet, in dem Doppelmond und Papillon ihren ersten Wurf hatten. Von dort lief die Familie runter zu einem wilden Bach. Der Gebirgsbach hatte einen Teil des Pfades weggeschwemmt. Machte nichts. Die Wölfe hüpften gekonnt von einem grossen Stein zum anderen und fanden mühelos den Weg über das rauschende Wasser, während hoch oben über ihnen ein

Steinadler seine Runden zog. Zwei Tage später leitete Doppelmond eine Hirschjagd ein, die nicht den erhofften Erfolg brachte. Trotz der erfolglosen Hirschjagd, herrschte bei der Wolfsfamilie weiterhin beste Stimmung.

Die Familie marschierte weiter und begab sich in Richtung der jetzt leeren, grossen Schafsalp. Dort angekommen hielten sie alle an dem Ort inne, wo Topolino und ein Jährling vor knapp drei Monaten ihr Leben lassen mussten. Die gut gelaunte Truppe wurde auf einmal demütig und ruhig, als sie die Stellen inspizierten, wo das Blut ihrer verstorbenen Söhne und Brüder in die Erde gesickert war. Als es anfing zu schneien, zog die Familie weiter. Sie wanderten zu einem Bach hinunter und folgten diesem gegen Norden. Kurz bevor sie am Talende ankamen, bogen sie rechts ab und nahmen den Aufstieg zu einem 2500 Meter hohen Pass in Angriff. Der Schneesturm hatte an Stärke zugenommen und Mutter Doppelmond bekundete Mühe, im bereits brusthohen Schnee den Weg zu pfaden. Da kam ihr Castor zu Hilfe. Er preschte nach vorne und übernahm fortan die Spitze. Mutter Doppelmond und Vater Papillon nahmen es nicht ohne Stolz zur Kenntnis. In Reih und Glied ging es weiter bis zur Passhöhe. Danach führte der Pfad steil hinunter in ein baumloses Tal. Castor marschierte weiterhin vorneweg. Seine Ausdauer und Kraft schienen unerschöpflich. Unter der Führung von Castor passierte die Familie einen hohen, stark vereisten Wasserfall, bis sie auf einen ausgetretenen Gämsepfad stiess. Während die Wolfsfamilie dem Gämsepfad folgte, liess Papillon sich etwas zurückfallen. Er hatte etwas in der hohen Felswand nahe dem Wasserfall entdeckt und wollte es sich genauer anschauen. Als er näher an der Felswand trat, realisierte er, dass ein grosser Vogel mit riesigen Augen und aufgerichteten Federohren auf ihn herunterschaute. Es war ein Uhu, der in einer kleinen Höhle in der Felswand den Schneesturm aussass. Als Papillon dem grossen Vogel für einige Sekunden direkt in die Augen schaute, konnte er sich dessen hypnotisch wirkenden Blick nicht entziehen. Dabei stieg bei ihm ein mulmiges Gefühl auf. Papillon drehte sich vom Uhu ab und schloss zu seiner Familie auf. Nach weiteren 15 Kilometern stiess die Wolfsfamilie, die unterdessen von der Jungwölfin Alva angeführt wurde, auf eine Waldlichtung, in deren Zentrum sich drei alte, verlassene Gebäude befanden. Nicht weit davon entfernt lag ein totes Tier. Auf den ersten Blick ein gefundenes Fressen. Etwas misstrauisch näherten sie sich alle dem Kadaver bis auf 100 Meter. Zunächst wagte sich keiner näher heran. Nach ein wenig Zögern war es aber Papillon, der die Verantwortung übernahm und sich das Ganze genauer anschauen wollte.

In geduckter Haltung und mit leicht eingezogenem Schwanz pirschte er sich katzenartig an den leblosen Körper heran. Doppelmond gab ihm ein Warnsignal, als ob sie sagen wollte, lass es gut sein! Doch Papillon wollte nicht hören. Weiter ging es. Schritt für Schritt. Angetrieben vom Verlangen, ein guter Wolfsvater zu sein, der sich so gut es geht, um seine Familie kümmert, Verantwortung übernimmt und Nahrung beschafft. Kurze Zeit später durchbrach ein lauter Donnerknall die Stille der Nacht und beendete Papillons Leben.

Lobo

20 Kilometer weiter nördlich vom Ort, wo Papillon sein Leben verlor, wanderte die alte Wölfin Halbmond durch ihr angestammtes Gebiet. Seit dem Verlust ihrer Familie vier Jahre zuvor schlug sie sich meist allein durchs Leben. Sie war unterdessen bereits 13 Jahre alt, ein enorm hohes Alter für einen Wolf, geschweige denn für einen Wolf, der in einem so wolfsfeindlichen Gebiet lebte wie sie.
Ab und zu gesellte sich der eine oder andere Wolf zu ihr, der auf der Durchreise war. Doch keiner blieb lange. Vielleicht war sie in den Augen der Durchreisenden einfach zu alt, um eine Familie zu gründen. Vermutlich lag es aber eher daran, dass Halbmond selbst nie mehr dasselbe Begehren, dieselbe Leidenschaft finden konnte, um eine neue Familie zu gründen. Sie wollte allein bleiben. Bis sie eines Tages am westlichen Ende der Rheinschlucht auf einen jungen Wolf traf. Als Halbmond diesen aus der Distanz sah, erkannte sie schnell, dass dieser scheinbar nichts als Schabernack im Kopf hatte. Der fremd erscheinende Wolf war so in seine eigenen Gedanken vertieft, dass er Halbmond nicht bemerkte. Halbmond selbst legte sich zwischen einigen Bäumen hin und beobachtete den Wolf. Der Jungwolf war zutiefst an etwas im vom Biber aufgestauten Wasser interessiert. Er hatte scheinbar etwas im Wasser entdeckt. Bewegungslos stand er da, wartete ab. Auf einmal preschte er vor und schnappte etwas aus dem Wasser. Halbmond glaubte zuerst, es sei ein Biber. Doch als der Wolf den Nager in die Luft schoss, sah Halbmond den langen, nackten Schwanz. Es war kein Biber, sondern eine Bisamratte! Bisamratten waren nicht gerade die Lieblingsspeise von Halbmond. Daher war sie erleichtert, als sie erkannte, dass der fremde Wolf auch keinen grossen Appetit auf den Nager hatte. Stattdessen schien er mit dem Tier zu spielen. So, wie es Katzen mit Mäusen tun. Der Jungwolf warf den kleinen Nager mehrfach hintereinander in die Luft und sprang dem Nager nach, um erneut nach diesem in der Luft zu schnappen. Unendlich viele Wassertropfen leuchteten im Gegenlicht auf, als der Wolf und die Bisamratte durch die Luft flogen. Da realisierte Halbmond, dass sie den Wolf kannte. Es war der Sohn von Biala und Zop, sprich ihr Enkel Lobo! Wie er doch gewachsen war. Sie erinnerte sich an die Tage, an denen sie nach dem Verlust ihrer eigenen Familie eine kurze Zeit bei Biala und Zop gelebt hatte und dabei mitunter auch auf die Kleinen aufgepasst hatte. Dabei schloss sie schon damals den dunkel gefärbten Lobo ins Herz. Halbmond wusste nicht, dass es bei Lobos Eltern zu einem Kampf mit der Krummschwanz-Wolfs-

familie gekommen war und Lobo im Vorfeld fast sein Leben verloren hätte. Damals war Lobo mit seinem Bruder Einauge und seiner Schwester Zoppa auf einem Gleis unterwegs, als sie von einem Zug angefahren wurden. Während Einauge dabei sein Leben verlor und Zoppa schwer verletzt wurde, wurde Lobo von der Wucht des Zusammenpralls im Rhein katapultiert und trieb danach tief in die Rheinschlucht hinein. Dank seiner guten Schwimmfähigkeiten konnte Lobo sich aus den Fluten retten und erreichte erschöpft das rettende Ufer. Von dort wanderte er weiter und stiess ins Gebiet seiner Grossmutter Halbmond vor. Kaum hatte Halbmond realisiert, wen sie die ganze Zeit beobachtet hatte, stand sie auf und lief ins Freie hinaus, um sich bemerkbar zu machen. Sie vermutete, dass Lobo sie bald sehen würde. Dem war nicht so. Der Jungwolf war so in sein Tun vertieft, dass ein Zweibeiner an ihn hätte heranpirschen und ihn hätte berühren können. Halbmond gab ein lautes «Wuff» von sich. Das half. Erschrocken hielt Lobo inne und vergass glatt, dass er die Ratte in die Luft geworfen hatte. Diese landete kurz danach mitten auf seinem Kopf. Die Verspieltheit von Lobo erinnerte Halbmond an ihre Jugend. Auch sie war sehr verspielt und voller Schabernack, als sie noch jung gewesen war. Es war ein Ausdruck von purer Lebensfreude. Und Lebensfreude hatte sie dank des Besuchs bei Biala und ihren Enkeln wieder gefunden. Insbesondere dank Lobo. So lief sie auf den immer noch perplex dastehenden Lobo zu und wedelte freundlich mit ihrem Schwanz. Nun erkannte auch Lobo seine Grossmutter wieder und sein schüchternes Schwanzwedeln verwandelte sich in eine enthusiastische Begrüssung. Er sprang sie an und für eine kurze Zeit standen beide auf ihren Hinterbeinen, Arm in Arm.

Zur Überraschung von Halbmond entschied sich Lobo, mit ihr weiterzuziehen. Halbmond hatte letzten Endes einfach nur Freude, dass Lobo mit ihr kam. Sein lustiges Wesen tat ihr gut und endlich war sie nicht mehr so allein. In den kommenden Wochen folgte Lobo der Matriarchin auf Schritt und Tritt. Immer wieder schaffte er es, seine Grossmutter zum Staunen zu bringen. Und nicht immer war es gut. So zum Beispiel, als die beiden sich kurz nach Sonnenaufgang an einem kalten Dezembermorgen einer grasenden Steinbockherde näherten. Es war Brunftzeit und einige kapitale Steinböcke brachten enorme Unruhe in die Herde, die mit vielen Geissen und Kitzen bespickt war. Halbmond wusste, dass diese Unruhe Chancen bieten würde, um mit ein wenig Glück eines der unachtsamen Jungtiere zu packen. Sie näherte sich behutsam der Herde mit Lobo dicht hinter sich. Auf einmal preschte Lobo voller Übermut nach vorne und rannte ungestüm in Richtung Herde. Viel zu früh. Ihre Tarnung war aufgeflogen und alle Steinböcke rannten im rasanten Tempo in Richtung einer steilen Felswand. Die Chance auf eine erfolgreiche Jagd war vertan. Halbmond lief an dem nun stehen gebliebenen Lobo vorbei und warf ihm einen etwas verärgerten Blick zu. Allzu böse war sie ihrem Enkel nicht. Sie erinnerte sich, wie sie und ihre Schwester Mina in ihren jungen Jahren ähnlich stürmische, unüberlegte Jagden initiiert hatten. Es war Teil des Lernprozesses eines jeden Wolfes. Lobo verstand, dass er zu früh losgerannt war, und schämte sich dafür. Nächstes Mal wollte er es besser machen. Dann folgte er seiner Grossmutter. Als beide auf einem Pfad waren, der quer durch den Hang verlief, hörten sie auf einmal ein lautes Klicken. Sie schauten über ihre rechte Schulter hinweg und entdeckten einen Zweibeiner mit einem komischen Gerät vor der Nase. Wiederum machte es mehrere Male «Klick». Dies war Lobo zu viel. Er spurtete los und sprang über einer nahen Steinmauer aus der Sicht. Halbmond folgte ihm, doch dann hielt sie inne. Das Verhalten des Zweibeiners deutete darauf hin, dass er nicht gefährlich war. Doch was wollte er? War er auch hinter den Steinböcken her? Wenn ja, warum hatte er keinen Donnerstock mit sich, mit dem er einen Gehörnten hätte töten können? Und was genau machte er mit dem Gerät, das er in der Hand hielt und am vorderen Ende wie ein überdimensioniertes rundes Auge aussah? Über die Jahre hatte Halbmond viele Zweibeiner kennengelernt. Einige waren ihr und all ihren Artgenossen gegenüber abgrundtief böse. Seit ihrem Auftauchen am Vier-Gipfel-Berg hatten solche Zweibeiner über ein Dutzend ihrer Familienmitglieder getötet. Sie selbst wurde nicht weniger als zweimal von Menschen angeschossen und hatte nur mit viel Glück überlebt. Andere Begegnungen mit den Zweibeinern verliefen jedoch friedlich. Mehr noch, etliche Zweibeiner schienen sich über nahe Begegnungen mit ihr zu freuen. So wie sonst kein anderes Lebewesen auf dieser Welt irritierten und faszinierten die Menschen Halbmond. Die Zweibeiner waren ohne Zweifel etwas ganz Besonderes. Es waren Wesen, die die seltene Gabe besassen, ganze Landschaftsstriche zu verändern. Wesen, die enorm intelligent und erfinderisch waren. Wesen, die aber auch den Tieren und der Natur allgemein enorm viel Leid antun konnten. Mit diesen vielen Gedanken im Kopf entschloss sich Halbmond für etwas, was sie bisher nie in ihrem Leben gemacht hatte. Statt sich davonzumachen, wollte sie sich dem Zweibeiner in aller Grösse und Schönheit zeigen. Halbmond nahm all ihren Mut zusammen und kehrte zurück über die Mauer. Als sie, etwas von sich selbst überrascht, über die Steinmauer sprang, stand

sie keine 40 Meter vom Zweibeiner entfernt. Dieser schaute sie mit grossen Augen und offenem Mund an. Nach ein paar langen Sekunden Auge in Auge, machte Halbmond ein paar Schritte zurück, bis sie mitten im steilen, baumlosen Hang stehen blieb. Dann kehrte sie sich wieder um, schaute den erstaunten Menschen an und sass hin. Im Sitzen fing sie an zu heulen. Lobo sollte wissen, dass es ihr gut geht und dass dieser Mensch keine Gefahr für sie beide war. Im Gegenteil. Ihre Anwesenheit und ihr Geheul schien dem Zweibeiner, wie erhofft, durch und durch zu gefallen. Der Mensch strahlte übers ganze Gesicht. Lobo kehrte derweil behutsam bis in Sichtweite von seiner Grossmutter zurück. Mit Herzklopfen beobachtete er aus der Distanz die nahe Begegnung seiner Grossmutter mit dem Menschen. Sein Herz klopfte noch schneller, als plötzlich die Steinböcke wieder auftauchten. Auch sie wollten sich anschauen, was da vor sich ging. Ein wenig verängstigt, doch höchst neugierig, trauten sie sich Schritt für Schritt an die heulenden Altwölfin und den nicht weit dahinter sitzenden Menschen heran. Zu guter Letzt waren sie alle, Wölfe, Steinböcke und ein einsamer Zweibeiner, in einem friedvollen Moment, der von Halbmond initiiert worden war, im Universum vereint.

Der Traum

Ein paar Monate nach dem magischen Moment bei den Steinböcken stapften Halbmond und Lobo durch den wenigen noch, übrig gebliebenen Schnee. Den Winter hatten die beiden gut hinter sich gebracht. Lobo blieb weiterhin seiner Grossmutter treu. Dies zeigte seinen gutmütigen Charakter, obwohl er auch von dannen hätte ziehen können, um eine jüngere Partnerin zu finden. Und so kam es, dass Lobo bei ihren Streifzügen oft voranging und immer wieder geduldig wartete, bis Halbmond aufschloss. Sie wollte sich nichts anmerken lassen. Doch nicht nur ihre Schritte wurden langsamer. Auch die alten Augen hatten einiges an ihrer Sehkraft verloren. Zudem begann sich ein bösartiger Tumor in ihrer Lunge auszubreiten. Ohne Lobo, und das wusste Halbmond, wäre es nicht gut um sie gestanden. So aber liess es sich leben. Lobo sorgte für regelmässige Nahrung und zeigte wieder und wieder, wie er sich vom tollpatschigen «Bisamrattenfänger» zu einem höchst effizienten Wildjäger entwickelt hatte.
Als die Kirschen anfingen zu blühen, wanderte Halbmond mit ihrem Enkel auf einen hohen Pass und nahm einen Pfad, der sie beide zu einem ihrer Lieblingsschlafplätze hoch über dem Rhein brachte. Hier verbrachten sie den Tag mit Schlafen unter einer Lärche. Dabei hatte Halbmond einen merkwürdigen Traum.

Im Traum sah sie,
wie ein Frühlingssturm dichtes Schneegestöber mit sich brachte. Mitten im Sturm sah sie Lobo. Halbmond ging zu ihm rüber und drückte ihre vordere rechte Pfote gegen sein Gesicht. Dann gab sie ein leises Winseln von sich. Sie hatte Schmerzen. Dann leckte er ihre Schnauze und sie machte sich dann langsamen Schrittes davon. Als Lobo ihr folgen wollte, wandte Halbmond kurz ihr Gesicht und zeigte ihm die Zähne. Sie wollte nicht, dass er ihr folgte. Lobo verstand und blieb etwas konsterniert zurück.

Immer noch träumend, sah Halbmond,
wie sie einen alten Gämsepfad unter die Pfoten nahm und diesem folgte. Rechts von ihr fiel der Boden steil nach unten. Sie hatte diesen Pfad schon viele Male in ihrem Leben genommen und wusste genau, wohin sie wollte. Während sie gemächlichen Schrittes ging, hörte sie, wie nahebei einige Birkhähne um die Gunst der Weibchen sangen und sich stritten. Für einen kurzen Moment machten die Wolken Platz für die wärmende Frühlingssonne. Halbmond hielt inne

und genoss die wenigen Sonnenstrahlen, die sich durch den ansonsten dunklen Himmel zwängten, um ihr Gesicht zu erwärmen. Als die Sonne wieder hinter den Wolken verschwand, trabte die Greisin zielgerichtet weiter den Pfad entlang, bis sie diesen verliess und in den vielen Legeföhren, die den steilen Hang säumten, verschwand. Ohne innezuhalten, bahnte sie ihren Weg durch das Dickicht, bis sie zu einem kleinen Wäldchen gelangte, das inmitten der Legeföhren wie eine Insel aus dem Meer ragte. Hier begann vor langer Zeit ihr grosses Abenteuer mit der Gründung ihrer eigenen Familie. Hier war es, wo sie Luf zum ersten Mal gesehen hatte. Hier war es, wo sie insgesamt beinahe 50 Welpen gebar und eine wahre Dynastie einleitete. Halbmond lief weiter, bis sie mitten im Wäldchen war. Unter dem grössten Baum drehte sie sich viermal im Kreis herum und legte sich zum Ruhen nieder. Ihr Körper war müde und ausgelaugt. Im Geiste war sie jedoch zufrieden. Ihr Blick richtete sich nach hinten und sie erkannte den «Felsen-Springwolf», der hoch über ihr thronte. Sie dachte über ihr Leben nach. Dabei erinnerte sie sich an ihre Anfangsjahre weit weg vom «Felsenwolf». Bilder von ihren Eltern, die sie beide gleichzeitig abschleckten, schossen ihr durch den Kopf. Sie sah die grosse alpine Weide, vollgespickt mit bunten Blumen und Insekten, die ihr und ihren Geschwistern als bester Spielplatz der Welt gedient hatte. Auf einmal sah sie Luf, ihren langjährigen Partner, auf sie zukommen. Er schaute sie an und wedelte aufgeregt seinen Schwanz hin und her, bevor er vor ihr auf die Vorderläufe fiel und sie zum Spielen aufforderte. Sie konnte nicht widerstehen und zusammen sprangen sie durch das hohe Gras, bis sich die beiden turtelnden Wölfe erschöpft, aber glücklich unter eine Weisstanne zurückzogen. Dann löste sich Luf in nichts auf und Halbmond lag traurig allein unter der Tanne. Ihr wurde schwindlig und sie fühlte sich von Minute zu Minute schwächer.

Die Weisstanne, unter der Halbmond lag, war traurig, als sie bemerkte, dass Halbmonds Lebenskraft von Minute zu Minute schwand. Die Tanne legte ihre unteren Äste schützend über sie. Sie wollte nicht, dass Halbmond sterben musste. Denn die Wahrheit war, dass die Tanne und all ihre Artgenossen der alten Wölfin enorm dankbar waren, dass sie wieder in ihrem Land aufgetaucht war. Ohne Wölfe hatte es der Wald schwer, sich zu verjüngen. Immer wieder wurden die jungen Triebe von den unzähligen Hirschen, Gämsen und Rehen weggefressen. Kaum ein Trieb überlebte, um gross zu werden. Dank des Auftauchens von Halbmond und der Gründung ihrer Familie fing es an, besser zu werden. Je grösser und stärker Halbmonds Dynastie wurde, desto besser erging es dem Wald. Derweil öffnete der Himmel seine Schleusen und die Wassertropfen, die gegen die Erde kullerten, wandelten sich zu Schneeflocken. Halbmond versuchte erfolgreich, einige der weissen Flocken mit offenem Mund zu schnappen.

Dieser kleine Energieaufwand liess sie noch müder werden, als sie sonst schon war. Schlussendlich rollte sie sich zusammen, legte sich ihren Schwanz über ihre Augen, stiess einen letzten Seufzer aus, und schlief friedlich ein, ohne je wieder aufzuwachen.

Als Halbmond im realen Leben aus ihrem Traum erwachte, lag Lobo immer noch in ihrer Nähe. Sein tiefes Schnaufen liess vermuten, dass er im Tiefschlaf war und vielleicht auch, wie sie es eben getan hatte, träumte. Sie hoffte, dass Lobo einen besseren Traum als sie hatte. Denn ihr Traum kündigte ihren baldigen Tod an.

Ein paar Monate später war Halbmond allein unterwegs. Lobo war eines Tages wie vom Erdboden verschluckt gewesen. Halbmond wusste nicht, was mit ihm passiert war. Er ging eines Tages allein auf die Jagd und kam nie wieder zurück. Dies brachte die alte Wölfin in eine sehr schwierige Lage. Konnte sie es noch einmal schaffen, allein zu überleben? Sie fing an, unvorsichtig zu werden, und umging nicht mehr so konsequent die Zweibeiner, auf die sie stiess, wie sie es früher getan hatte. Sie war alt und wollte ihre Energie nicht umsonst verschwenden. So war es auch an einem lauen Sommerabend, als sie sich nahe dem Rhein aufhielt. Als zwei Zweibeiner in der Nähe auftauchten, lief sie ins nahe Maisfeld und blieb wenige Meter neben dem Pfad, versteckt zwischen den Maishalmen, stehen. Sie machte keinen Mucks und hoffte, dass ihre Deckung und das Stillhalten ausreichen würden, um nicht von den Zweibeinern entdeckt zu werden. Als die Menschen an ihr vorbeikamen, sahen sie die alte Wölfin trotzdem. Sie schauten sie eine Weile an. Halbmond blickte besorgt zwischen den Halmen zu den Zweibeinern auf und hoffte, sie würden nicht näherkommen. Sollte dies geschehen, dann würde sie fliehen müssen. Sie versuchte sich selbst mit dem Gedanken zu beruhigen, dass nicht alle Zweibeiner böse sind. Halbmond atmete auf, als die Menschen kurz danach weiterliefen. Was Halbmond nicht realisierte, war, dass diese Begegnung, so harmlos sie auch war, ihren grössten Feind, einen Grünrock mit dem Donnerstab in der Hand, auf den Plan rief. Und so ging es nicht lange, bis genau solch ein Zweibeiner auftauchte. Als Halbmond ihn erblickte, blieb sie stehen und stellte sich mutig ihrem Schicksal. Was sein sollte, sollte geschehen. Was geschehen konnte, war bereits geschehen.

Epilog

Doppelmond

Wäre Halbmond ein Zweibeiner gewesen, hätte man über sie Bücher geschrieben, Filme gedreht, Lieder komponiert. Sie wäre eine Legende, eine Inspiration für unzählige Generationen gewesen. In der Welt der Wölfe kannte man diese Art von Geschichtenerzählen nicht. Und trotzdem trugen diejenigen Wölfe, die die Pionierwölfin kannten, die Erinnerung an die Matriarchin in ihren Herzen mit sich mit, wohin sie auch gingen. Wenn es hart wurde, und dies passierte oft in dieser rauen Welt, nahmen sie sich ein Beispiel an Halbmonds unbändigem Mut, an ihrer Hartnäckigkeit, ihrer Intelligenz und an ihrer Fähigkeit nie aufzugeben, komme, was wolle. Halbmond war eine Inspiration für alle Wölfe, die sie kannten. Sie lehrte ihnen, das Leben so zu akzeptieren, wie es war und wie man in einer von Zweibeinern dominierten Landschaft überleben konnte.

Doppelmond, die verwitwete Partnerin von Papillon, kannte Halbmond nicht, als sie unweit von der Stelle, an der sie ihren Papillon verloren hatte, unterwegs war. Und doch sollte Halbmond auch ihr Leben zutiefst beeinflussen.

Als Doppelmond so dahin ging, tief in ihren Gedanken versunken, fühlte sie in sich eine grosse Leere. Ihre Familie hatte sie hinter sich gelassen. Vielleicht, so ihre leise Hoffnung, konnte sie einen neuen Partner finden, mit dem sie die Dynastie der Thors-Hammer-Wolfsfamilie weiterleben lassen konnte. Doch wer könnte Papillon bloss ersetzen? Papillon war der beste Partner, den sich ein Wolfsweibchen wünschen konnte. Er war aufopferungsvoll, mutig, loyal, intelligent und ein wahnsinnig guter Jäger. Er machte alles in seiner Macht, damit es seiner Familie gut ging. Seine Familie war sein Leben. Nun war er fort. Von den Menschen aus dem Leben gerissen. Genauso, wie es die Zweibeiner mit so vielen ihrer Welpen gemacht hatten.

Auf einmal nahm Doppelmond eine Bewegung an ihrer linken Seite wahr. Sie schaute hinüber und sah, wie ein Wolf aus dem Wald kam und in ihre Richtung lief. Sofort blieb Doppelmond stehen. Sie begutachtete den Wolf. Was waren seine Absichten? Der Wolf war nicht mehr der Jüngste. Dies konnte sie sofort an seinem Gang sehen. Sie konnte aber auch erkennen, dass der fremde Wolf gute Absichten hatte. Was Doppelmond nicht wusste, war, dass dieser Wolf – es war Amur – für zweieinhalb Jahre mit Tuma, einer Tochter von Halbmond, zusammen gewesen war. Amur verliess ein paar Monate nachdem er Tuma und die neugeborenen Welpen an Wilderer verloren hatte, sein Revier und machte sich auf die Suche nach einer neuen Partnerin. Dabei folgte er einige Dutzend Kilometer der alten Spur seines Sohnes Pelegrin. Letztendlich führte ihn sein Weg direkt in die Pfoten von Doppelmond.

Hätte Papillon dies sehen können, wäre er sicherlich hocherfreut gewesen. Und vielleicht war es genau dieser Moment, den Papillon tief in sich spürte, als er viele Jahre zuvor für einen kurzen Augenblick Halbmond gegenüberstand. Damals spürte er eine tiefe, unerklärliche Verbindung zu dieser Wölfin. Vielleicht war es eine intuitive Vorahnung, was alles auf ihn zukommen würde und wie zu guter Letzt beide Familien aufeinander angewiesen waren, um, wie ein Phönix aus der Asche, wieder auferstehen zu können. Nun, viele Jahre später, lag es an den noch Lebenden, sprich an Doppelmond und Amur, die Geschichte der beiden Wolfsdynastien weiterzuschreiben.

Doppelmond wusste nichts von den Vorahnungen, die Papillon und Halbmond vor vielen Jahren gespürt hatten, als sie einander in die Augen schauten. Doppelmond selbst sah den sich nähernden Rüden Amur als eine Art Geschenk an. Ein Geschenk des Himmels, um nach der Zeit der Trauer wieder ein neues Leben anfangen zu können. Kurz dachte sie in diesem Augenblick an Papillon. Papillon selbst verweilte, wie auch Halbmond, nicht mehr unter den Lebenden. Und doch waren beide irgendwie mit von der Partie, als Doppelmond Amur so nahe treten liess, dass ihre Nasen sich berührten.

Danach wollte Doppelmond nur noch eins: Heim zu den verbliebenen Töchtern und Söhnen und ihnen Amur, ihren neuen Papa, vorstellen, sollte dieser mit ihr kommen. Und das tat er.

Nachwort

Dr. Geraldine Werhahn
Wolfsbiologin, Stellvertretende Vorsitzende der SSC IUCN Canid Specialist Group, Direktorin des Himalayan Wolves Project

Erfrischend mutig und zurecht selbstverständlich beschreibt Peter A. Dettling das Leben der Wölfe aus deren Perspektive. Entstanden ist ein sehr gelungenes und berührendes Gesamtwerk aus der würzigen Mischung von präziser, jahrelanger Wolfsbeobachtung, Detektivarbeit und künstlerischer Schaffenskraft. «Wolfsdynastien» greift jedoch nicht nur hochaktuelle Themen wie Wolfabschüsse, Herdenschutz und Tierleid auf, sondern erlaubt einen intimen Einblick in die Welt der Wölfe. Es ist eine aufregende Welt, geprägt von hoher Sozialität, Anpassungsfähigkeit, Resilienz und vom Überleben. Es sind wölfische Lebensgeschichten, geprägt vom Abenteuer, ein neues Territorium und einen Lebenspartner zu finden, vom Familienglück und vom Grossziehen der Welpen, aber auch von Verletzungen, Verlust und Abschüssen durch Menschen. Es ist eine Welt, in der die Familie, das Rudel, das Wichtigste ist. Es ist das Herzstück des wölfischen Lebens.

Aus wissenschaftlicher Sicht ist es so: Wölfe tragen zu gesunden Ökosystemen bei und können in unseren anthropogen geprägten wie auch in unseren wilderen Landschaften problemlos leben. Sie meiden uns Menschen, wo sie nur können, und viele Menschen stören sich nicht an ihnen. Genug Wildtiere und Lebensraum hat es für beide.

Der Autor lässt spielerisch erahnen, dass Bewusstsein in den von ihm beschriebenen Tieren vorhanden ist. Immer wieder sind die Erzählungen fast poetisch und zum Nachdenken anregend wie zum Beispiel an dieser Stelle: «Für einen Augenblick erschien es Papillon fast so, als würde die Wölfin ihr eigenes Antlitz im Wasser bewundern.» Vermenschlichung könnte man teils abwinkend hervorbringen beim Lesen. Aber nein, so einfach ist es nicht. Komplexe kognitive Fähigkeiten und Bewusstsein sind nicht nur menschliche Eigenschaften, sie sind in graduell unterschiedlicher Form im Tierreich vorhanden. So auch bei den Wölfen. Es

kommt hinzu, dass Wölfe ein Sozialsystem, also ein Familiensystem, haben, das jenem von uns Menschen ähnlich ist. Im Wolfsleben dreht sich alles um die Wolfsfamilie. Und diese Tiere haben eine komplexe Kommunikation, bestehend aus Vokalisation, Körpersprache und Duftmarkierungen. Eine gewisse Vermenschlichung basierend auf den Parallelen zur Sozialstruktur des Menschen und der damit verbundenen Empfindungsfähigkeit ist daher durchaus legitim.

Wölfe sind uns Menschen also manchmal erfrischend und ernüchternd ähnlich. Der Verlust von Familienmitgliedern kann Leid in den überlebenden Wolfs-Individuen verursachen und kann oft auch Rudelstrukturen durcheinanderbringen, was wiederum zu mehr Konflikten mit Menschen führen kann.

Ist es gerechtfertigt, ein Wolfsmanagement zu haben, das einem sozial so komplexen, empfindungsfähigen Wesen Familienmitglieder wegschiesst und dies oft ohne faktenbasierte Begründung?

Unnötige Wolfsabschüsse und das daraus folgende Tierleid können wir ersparen, wenn wir auf non-letale Methoden setzen beim Management von Wölfen. Ein zeitgemässes, faktenbasiertes Wolfsmanagement hat eine genetisch diverse und gesunde Wolfspopulation mit stabilen Rudeln in stabilen Territorien zum Ziel. Stabile Rudel, die kaum direkte Störung durch invasives Management erfahren, werden über lange Zeit weniger Mensch-Wolf-Konflikte verursachen. Gleichzeitig müssen Nutztiere effizienter geschützt werden mit einer Auswahl an alten und neuen Herdenschutzmethoden, die einzeln und in Kombination eingesetzt werden. Mit verhaltensbezogenen non-letalen Massnahmen wie Fladry (Lappenzäunen), Elektrozäunen, Behirtung, Herdenschutzhunden, basierend auf wissenschaftlichen Fakten und mit einer angebrachten Prise Toleranz für eine positive Koexistenz, kann ein zeitgemässes Wolfsmanagement gut funktionieren. Dies benötigt aber auch eine adäquate Gesetzesgrundlage, die den markanten Verlust der Biodiversität und die Klimakrise ernst nimmt, zu deren Bekämpfung eine gesunde Wolfspopulation auch ihren Beitrag leisten kann.
Und genau aus diesem Grund ist «Wolfsdynastien» so wichtig. Denn der Wert des Buches liegt darin, dass es Herzen berühren kann, so wie keine Zahlen über Wilderei oder Abschüsse es je können. Und wenn man Herzen berührt, kann man etwas bewirken.

Danksagung

Eines Nachts Ende November 2020 zogen fünf Wölfe nur einen Steinwurf von meinem Haus in der oberen Surselva vorbei. Als ich die Spuren am nächsten Tag fand, war ich begeistert. Es bedeutete, dass sich eine Wolfsfamilie in direkter Nachbarschaft von mir niedergelassen hatte. Dies war der Augenblick, in dem ich merkte, dass meine Geschichte mit den Wölfen noch nicht zu Ende war. Ein neues Projekt war geboren. Da dieses Buchprojekt viele Jahre in Anspruch genommen hat, ist es gar nicht so einfach zu eruieren, wo ich genau anfangen soll, um allen, die meine Arbeit über die Jahre hinweg unterstützt haben, zu danken. Folgend mein bestmöglicher Versuch:

Der grösste Dank gebührt allen voran meiner Familie und meiner Lebenspartnerin Daniela für all ihre ununterbrochene Unterstützung und Liebe über all die Jahre. Ohne sie hätte ich dieses Projekt nicht in diesem Ausmass in Angriff nehmen können. Dies gilt auch für den ehemaligen Wildhüter Georg Sutter, der mir stets mit grosser Geduld meine vielen Fragen mit grosser Kompetenz und riesigem Erfahrungsschatz beantwortete.

«Wolfsdynastien» hätte ich nicht stemmen können, ohne die grosszügige Unterstützung von folgenden NGOs, Institutionen und Stiftungen: Haldimann Stiftung, Pro Natura, WWF Schweiz, Stiftung Temperatio, Ernst Goehner Stiftung, Ormella Stiftung, Marion Würth, Boner Stiftung, Bernd Thies Stiftung und der SWISSLOS/Kulturförderung, Kanton Graubünden. Ein grosses Dankeschön gebührt zudem folgenden Gleichgesinnten, die meine Arbeit auf die verschiedenste Art und Weise unterstützt haben: Stefan Borkert, Marcus Duff, Beata Schütrumpf, Sara Wehrli (Pro Natura), Gabor von Bethlenfalvy (WWF Schweiz), Christina Steiner & Christian Müller (CHWolf.org), David Gerke (Gruppe Wolf Schweiz), Ralph Manz (Kora), Ruth Werren (Wildparkverein Bruderhaus) und natürlich all meinen Wolfspaten und -patinnen! Nicht zu vergessen ein herzliches Dankeschön an all diejenigen, die es mir ermöglicht haben, mich auf die Spuren vom Wanderwolf Pelegrin zu begeben. Es sind dies vor allem: Peter, Heidi und Daniela Knöpfel, Veronica Ciceri, Adrián Novák, Peter Gombkötő.

Vielen herzlichen Dank auch an alle Personen, die mir ihre Wolfsichtungen, oft mit Bildern und Videos untermauert, über die Jahre hin anvertraut haben. Dies gilt insbesondere für Astrid und Herbert Derungs, Rolf Hösli, Lucia Koller und Micha Fischer, Urs Steger, Marcel Brühwiler, Andrea Caviezel und Christian Erni. Einige im Buch dargestellte Bilder hätte ich nicht erschaffen können, ohne die Erzählungen und Bilder, die teilweise als Vorlage für die Zeichnungen dienten und mir von folgenden Personen zur Verfügung gestellt wurden: Christina Steiner, Christian Müller und Mathias Jörger. Vor allem danke ich Mathias Jörger für das Erzählen und Zurverfügungstellen einer der schönsten und eindrücklichsten Wolfsbegegnungen, von der ich je gehört habe. Mathias war der Fotograf, der das Glück hatte, die Altwölfin Halbmond bei den Steinböcken für anderthalbstunden beobachten und fotografieren zu können.

Ich danke auch Kurt Kotrschal, Stefan Borkert und Stefan Meier für das Lesen des Manuskripts und für ihre wertvollen Kommentare.

Ein grosses Dankeschön auch an das ganze Team des Weber Verlags, das mir die Möglichkeit gab, diese wichtige Geschichte in Buchform zu erzählen und natürlich Dr. Geraldine Werhahn für ihre inspirierende Arbeit mit Wölfen im Himalaya, bei der Canid Specialist Group der IUCN und für ihr Nachwort zu diesem Buch.

Mein aufrichtiger Dank gilt auch den vielen namentlich nicht genannten Personen hinter den Kulissen, die auf vielfältige Weise zu diesem Buch beigetragen haben, und sich zum Beispiel für ein Interview zur Verfügung gestellt haben. Ich entschuldige mich aufrichtig für etwaige Auslassungen oder Versäumnisse.

Zu guter Letzt möchte ich es nicht versäumen, ein paar Worte des allgemeinen Dankes an die Wölfe selbst zu richten. Wieder einmal haben sie mir unendlich viel über ihre verborgene Welt, über die Natur sowie über unsere Gesellschaft gelehrt. Ich kann nur noch Folgendes beifügen:

Els vivien ditg, nos lufs! Lange mögen sie leben, unsere Wölfe!

Über den Autor

Peter A. Dettling ist ein preisgekrönter schweiz-kanadischer Naturfotograf, Maler, Filmemacher und Autor, der dank seiner 20-jährigen Feldbeobachtungen ein gefragter Experte für das Verhalten von Wölfen in freier Wildbahn ist. Unter anderem dokumentierte und studierte Dettling intensiv das verborgene Leben von Wölfen in der Wildnis der kanadischen Rocky Mountains, des Yellowstone-Nationalparks in den Vereinigten Staaten und in den Schweizer Alpen. Dettling kehrte nach 20-jährigem Aufenthalt in Kanada im Jahr 2021 in seine ursprüngliche Heimat im Kanton Graubünden zurück, um seine wölfische Arbeit in aller Intensität weiterzuführen.

Und die Geschichte geht weiter …
Das Neuste von Doppelmond, Amur und Co.,
sowie Informationen zu Dettlings Arbeiten
erfahren Sie unter www.PeterDettling.com

Peter A. Dettling
Wolfsodyssee

2. überarbeitete Auflage
© 2021
Format 16 × 23 cm, 276 Seiten
Gebunden, Hardcover
Mit 83 Abbildungen.
CHF 39.– / EUR 39.–

Der Wolf lebt wieder in den Alpen. Das löst Konflikte, Emotionen und Diskussionen aus. Im Jahr 2005 stand der Bündner Naturfotograf Peter A. Dettling zehn wild lebenden Wölfen gegenüber. Diese Begegnung hat ihn nie mehr losgelassen. Er fotografiert, forscht und schreibt über Wölfe. In «Wolfsodyssee» beschreibt er seine Suche nach dem Wesen des Wolfes. Dabei gelangen ihm spektakuläre Aufnahmen und neue Einsichten in das Leben wild lebender Wölfe in der Schweiz – in der Surselva und im Calanda-Massiv –, in Kanada und in den USA. «Wolfsodyssee» ist Biografie, Naturgeschichte, Verhaltensforschung und Abenteuerreise in einem und weckt Verständnis und Empathie für einen unserer ältesten Verbündeten – Canis lupus, den Wolf – und ist eine bewegende, einzigartige Dokumentation zur aktuellen politischen Debatte in der Schweiz und im ganzen Alpenraum.

Die Halbmond Wolfsdynastie

Halbmond und Luf gründeten die erste moderne Wolfsfamilie im Rheinquellgebiet seit Menschengedenken. Etliche ihrer Nachkommen starteten ihre eigenen Familien oder wanderten auf der Suche nach eigenem Territorium oder Partner mitunter sehr weit ab.

Halbmond & Luf (Calanda WF)

NAME (* WISSENSCHAFTLICHER NAME)

HALBMOND (MUTTER) * F07
LUF (VATER) * M30

Einige auserwählte Welpen:

- HINKEBEIN * M38
- JUNIOR * M60
- BIALA * F33
- LAWENA * F30
- TUMA * F31

Tuma & Amur (Stagias WF)

NAME (* WISSENSCHAFTLICHER NAME)

TUMA (MUTTER) * F31
AMUR (VATER) * M125

Einige auserwählte Welpen:

- SELVA * F105
- PELEGRIN * M237

Biala & Zop (Ringelspitz WF)

NAME (* WISSENSCHAFTLICHER NAME)

ZOP * M56
BIALA * F33

Einige auserwählte Welpen:

- EINAUGE * M137
- SOCCA * F61
- STRIPE * F60
- HICCUP * F45

Hiccup & Mohawk (Wannaspitz WF)

NAME (* WISSENSCHAFTLICHER NAME)

HICCUP (MUTTER) * F45
MOHAWK (VATER) * M103

Pelegrins Route von der Rheinquelle bis nach Ungarn:

Auf seine Reise durchwanderte Pelegrin Teile von der Schweiz, Italien, Österreich und Ungarn. Dabei überwand er zahlreiche Flüsse, Autobahnen, viele Berge, einer davon knappe 3500 m hoch, und sogar den Gepatschferner, den zweitgrössten Gletscher Österreichs. Mit einer Laufstrecke von circa 2000 km ist Pelegrin nachweislich der am weitesten abgewanderte Wolf in Europa (Stand Jan. 2024).

DIE BENACHBARTEN WOLFCLANS
VON HALBMOND UND CO.
N
W
O
S
RHEINQUELL-
WOLFSLAND
HAUPTPROTAGONISTEN
UND STAMMBAUM
PAPILLON & DOPPELMOND
(BEVERIN WF)
NAME (* WISSENSCHAFTLICHER NAME)
PAPILLON * M92
DOPPELMOND * F37
EINIGE AUSERWÄHLTE WELPEN:
SCAR * M106
AZUR * M173
TOPOLINO * M191
MOHAWK * M103
KRUMMSCHWANZ & NAIRA
(VALGRONDA WF)
NAME (* WISSENSCHAFTLICHER NAME)
NAIRA * F38
KRUMMSCHWANZ * M116
DER BRAUNE * BÄR M29
AMUR UND DOPPELMOND
FINDEN SICH, NACHDEM BEIDE
IHRE PARTNER VERLOREN HATTEN.